麻城市传统村落建筑

麻城市住房和城乡建设局 主编

中国建筑工业出版社

图书在版编目（CIP）数据

麻城市传统村落建筑 / 麻城市住房和城乡建设局主编. -- 北京 ：中国建筑工业出版社, 2025. 3. -- ISBN 978-7-112-30938-2

Ⅰ. TU-862

中国国家版本馆 CIP 数据核字第 2025WM7695 号

责任编辑：沈文帅　张伯熙
责任校对：张惠雯

麻城市传统村落建筑

麻城市住房和城乡建设局　主编

＊

中国建筑工业出版社出版、发行（北京海淀三里河路9号）

各地新华书店、建筑书店经销

国排高科（北京）人工智能科技有限公司制版

临西县阅读时光印刷有限公司印刷

＊

开本：787 毫米×1092 毫米　1/16　印张：9　字数：183 千字

2025 年 4 月第一版　　2025 年 4 月第一次印刷

定价：**90.00** 元

ISBN 978-7-112-30938-2

（44602）

本书编写委员会

中华文明根植于农耕文明，传统村落是农耕文明的重要载体，有形的文化遗产和无形的文化遗产交相辉映，承载着华夏文明生生不息的基因密码。习近平总书记高度重视传统村落保护工作，多次强调："加强传统村落、传统建筑保护传承利用，推动优秀传统文化创造性转化、创新性发展。""发展乡村旅游不要搞大拆大建，要因地制宜、因势利导，把传统村落改造好、保护好。""把传统村落风貌和现代元素结合起来，坚持中华民族的审美情趣，把乡村建设得更美丽，让日子越过越开心，越幸福！"

湖北省麻城市是住房城乡建设部的定点帮扶县，有丰富的传统村落资源，共有 21 个中国传统村落，还有大量有历史、有文化的村落尚待列入保护名录。这些村落完整保存并活态传承了"湖广填四川"移民文化和大别山区红色文化等，交融汇聚成反映麻城市历史发展进程的活态基因库。依托传统村落集群形成的传统建筑，具有典型的鄂东民居特点，彰显了祖先高超的营建智慧和营造技艺，蕴含了丰富的文化和传统记忆，也反映了麻城市历史的变迁和社会风貌。

从定点扶贫到定点帮扶，住房城乡建设部一直关心支持麻城市的传统村落保护工作，历任挂职帮扶干部都把指导传统村落保护作为一项重要任务，走遍了麻城市的 21 个中国传统村落。2022 年，麻城市被列为第一批全国传统村落集中连片保护利用示范县，相关实践探索被列入住房城乡建设部办公厅印发的《传统村落保护利用可复制经验清单（第二批）》，向全国推广。

在住房城乡建设部里的支持下，麻城市开展了传统村落建筑专题研究，形成了《麻城市传统村落建筑》和《麻城市传统村落建筑图集》两册书籍。这两册书籍对麻城市 21 个中国传统村落都有调查总结，可以看到各具特色的传统村落和传统建筑，那些村落的格局肌理和特色风貌，那些飞檐斗拱、古批房门、墙绘木雕等，布局和榫卯间流淌着凝固的韵律，每一处都使人流连。这两册书籍是对麻城市优秀传统文化的梳理记录，对增强当地的文化自信具有重要意义，也能对当下传统村落保护利用实践起到借鉴作用，对各地展开传统村落基础性研究有典型示范作用。

传统村落的保护利用是一项长期的系统工程，必须持之以恒，久久为功。希望通过这两册书籍，让更多人感受到麻城市传统村落的魅力与温度，使古老的村落焕发新的生机，为守护中华农耕文明、传承优秀传统文化、推动乡村全面振兴贡献一份力量。

住房城乡建设部帮扶办公室主任

中华文明深深植根于农耕文明，传统农业生产生活方式在我国延续数千年。从这个意义上说，那些依然保留原始风貌的传统村落是有形的乡村文化，也最能真实反映我国历史悠久农耕文明的精髓和内涵。

党中央高度重视传统村落的系统性保护和利用工作。党的十八大以来，习近平总书记曾多次实地考察中国的传统村落。在 2017 年召开的中央农村工作会议上，习近平总书记特别强调："要让有形的乡村文化留得住，充分挖掘具有农耕特质、民族特色、地域特点的物质文化遗产，加大对古镇、古村落、古建筑、民族村寨、文物古迹、农业遗迹的保护力度。"然而，不可忽视的是，在我国快速城镇化进程中，人的城镇化与土地的城镇化齐头并进，大量人口从农村流向城市，许多土地也从农业转向非农用途。作为农耕文明遗产的村落，每年正以"数以万计"的速度消失。我国自然村的数量已由 2000 年的 363 万个，减少到 2021 年的 236 万个，每年平均消失 5.77 万个。甚至有些尚未卷入城镇化的偏远古村落，也因为缺乏系统性保护而成片消失，出现了一定程度的生存危机。我国自 2012 年起启动了中国传统村落名录审定工作，由住房和城乡建设部、文化部、财政部等部门联合实施，成立了传统村落保护和发展专家委员会，并提供专项资金支持。可以说，传统村落的系统性保护和利用政策体系和工作机制已经初步建立。

《麻城市传统村落建筑》正是在保护传统村落的大背景下撰写的，是对传统技艺的一种继承。其主要作用是为了更好地服务乡村建设，只有深挖地域内建筑文化发展脉络，从传统建筑文化中寻得智慧，才能逐渐改变当下乡村建筑中"西化"之风盛行，以及千村一律的现象，最终实现具有麻城文化特色的建筑文化回归。

本书主要内容包括：第 1 章麻城市传统村落建筑概述，从国家出台的相关政策入手，强调传统村落保护的意义和重要性，为麻城市未来建筑的下一步发展提供重要的建筑范式和数据库。第 2 章麻城市传统村落的建筑特点，分别从麻城市传统村落的选址、村落的形态、建筑的样式和空间组合方式，以及材料和装饰等方面阐述麻城市传统村落的建筑特点。第 3 章麻城市传统村落个例简述，从麻城市 21 个传统村落的特点出发，挖掘每个村子的传统文化特质，研究其独特的村落选址、布局、建筑材料和装饰等方面的特点。通过对传统村落的保护，实现传统村落能"见人见物见生活"的活态保护。

　　由于作者水平、能力及可获得的资料有限，书中难免存在不妥之处，敬请各位专家、同行和读者批评指正。

目录

第 3 章
麻城市传统村落个例简述

后记

麻城市传统村落建筑

传统村落中蕴藏着丰富的历史信息和文化景观，是中国农耕文明留下的最大遗产。保留了较大的历史沿革，即建筑环境、建筑风貌和村落选址等未有大的变动，富有独特民俗民风，虽经历久远年代，但至今仍为人们服务的村落以突出其文明价值及传承的意义。湖北省麻城市保留着数量可观的传统村落，目前有 21 个，认识和发掘这些传统建筑所蕴含的优秀文化，对增强当地文化自信建设有着举足轻重的作用，从宏观上看，也是传承和弘扬中华优秀传统文化，维系华夏子孙文化认同的一种纽带。麻城市传统村落对助力当地乡村振兴作用重大，加大对资源丰厚的麻城市传统村落的保护和合理利用，能够很好地促进麻城市经济向高质量方向发展，进一步改善村民生活质量，同时成为文化和旅游的重要资源，能唱响麻城市文化品牌，带动乡村的经济和文化振兴。传统村落的建筑选址、风格和造型等都具有较高的审美价值和文化价值，有重要的研究意义，能引导当地文化自信建设的方向。总之，传统村落不仅是历史的见证，也是活的文化资源，对于传承历史文化、促进社会经济发展具有重要意义。

1.1　麻城市传统村落保护的项目背景

为了保护好传统村落，我国各级政府制定了多种相关的保护政策。2013 年住房城乡建设部印发《传统村落保护发展规划编制基本要求（试行）》（建村〔2013〕130 号），对传统村落的保护从规划层面提出具体要求。2014 年，住房城乡建设部、文化部、国家文物局、财政部以建村〔2014〕61 号印发《关于切实加强中国传统村落保护的指导意见》，文中指出："传统村落传承着中华民族的历史记忆、生产生活智慧、文化艺术结晶和民族地域特色，维系着中华文明的根，寄托着中华各族儿女的乡愁。但是，近一个时期以来，传统村落遭到破坏的状况日益严峻，加强传统村落保护迫在眉睫。为贯彻落实党中央、国务院关于保护和弘扬优秀传统文化的精神，加大传统村落保护力度……"进一步要求各级单位加强传统村落的保护工作。2018 年 1 月，中共中央、国务院发布《中共中央 国务院关于实施乡村振兴战略的意见》。党的二十大报告明确指出，要弘扬革命文化，传承中华优秀传统文化，不断提升国家文化软实力和中华文化影响力。2012 年由住房城乡建设部、文化部、国家文物局、财政部联合成立了由建筑学、民俗学、规划学、艺术学、遗产学、人类学等专家组成的专家委员会，评审《中国传统村落名录》。截至目前，我国已分六个批次将 8155 个村落列入中国传统村落保护名录并实施了挂牌保护，16 个省份将 5028 个村落列入省级传统村落保护名录，保护 55.6 万栋传统建筑，传承发展 5965 项省级及以上非物质文化遗产，形成了世界上规模最大、价值最丰富、保护最完整农耕文明遗产保护群。湖北省结合地域发展，制定地方标准《传统村落非物质文化遗产保护与利用》DB42/T 1942—2022，标准规定了传统村落非物质文化遗产保护与利用的总则、传统村落非物质文化遗产代表性项目申报、保护、利用以及保障与管理的办法。麻城市在结合地缘优势，在十多年的传统村落保护中，不断总结保护经验，制定《麻城市传统村落集中连片保护利用规划》等文件，研究与保护工作全面展开。

保护是为了更好地发展。实施乡村振兴战略，是党中央做出的重大决策部署，是决胜全面建成小康社会、全面建设社会主义现代化国家的重大历史任务，是新时代"乡村振兴战略"工作的总抓手。2024年中央一号文件《中共中央 国务院关于学习运用"千村示范、万村整治"工程经验有力有效推进乡村全面振兴的意见》发布，文件包括：确保国家粮食安全、确保不发生规模性返贫、提升乡村产业发展水平、提升乡村建设水平、提升乡村治理水平、加强党对"三农"工作的全面领导。2023年国家发展改革委印发《新时代大别山革命老区协同推进高质量发展实施方案》，文件指出，支持大别山革命老区发挥毗邻长三角地区和长江中游城市群的独特优势，激发大别山革命老区内生动力和发展活力，把革命老区建设得更好，让老区人民过上更好的生活。结合新时代大别山革命老区振兴发展的意见，乡村建设以建筑为依托实现振兴。麻城市依照国家政策为导向，以21个传统村落为研究对象，通过深入研究，透析出建筑的营造智慧，挖掘传承建筑的内在文化，总结营造技艺，为麻城市乡村建筑的再设计，提供地域建筑文化背景下的文化母题，达到地域范围内，具有地域文化特色的建筑文化回归。

1.2 麻城市传统村落的研究对象与区域划分

麻城市因文化繁盛、名人辈出，使其成为湖北省的文化重地，影响全国。著名的历史人物有梅之焕和耿定向等，加之李贽的到来，带动整个明清时期历史文化的繁盛，麻城市光书院就有24处，居鄂东之首。明清时期，麻城市还是"湖广填四川"人类迁徙的始发地，从而造就出历史上著名的黄帮商人。学者苏云峰在《中国现代化的区域研究：湖北省1860—1916》中指出：黄州帮商人势力为湖北之冠，因此，由邑人捐设书院的数目比它府多，黄州书院40所中，私人捐设15所。可见其在本地的影响力之大。文化和经济的繁荣，为麻城市建筑文化的发展，提供了文化支撑与经济保障，为传统村落的产生与发展提供必要条件。从麻城市现有的传统建筑来看，其建筑形式丰富，类型多样，包括土砖和青砖建造的民宅、大屋建筑、祠堂、文庙、庙宇和道观，以及城墙、山寨、古桥、古塔等。

图 1.2-1 麻城市传统村落分布图

　　麻城市从 2012 年开始申报传统村落工作，自歧亭镇丫头山村成功列入第一批中国传统村落名录后，第三、第四、第五、第六批次都有很大突破，目前是湖北省具有传统村落最多的县级市，累计 21 个。麻城市传统村落分布图如图 1.2-1 所示。麻城市传统村落申报批次汇总如表 1.2-1 所示。

麻城市传统村落申报批次汇总　　　　　　　　　　　　表 1.2-1

序号	名称	申报时间	批次	所在乡镇
1	麻城市歧亭镇丫头山村	2012 年 12 月	第 1 批次	歧亭镇
2	麻城市夫子河镇付兴湾村	2016 年 7 月	第 3 批次	夫子河镇
3	麻城市黄土岗镇小漆园村	2016 年 7 月	第 3 批次	黄土岗镇
4	麻城市木子店镇王家畈村	2016 年 7 月	第 3 批次	木子店镇
5	麻城市歧亭镇杏花村	2016 年 7 月	第 3 批次	歧亭镇
6	麻城市宋埠镇谢店古村	2016 年 12 月	第 4 批次	宋埠镇
7	麻城市木子店镇龙门河村	2016 年 12 月	第 4 批次	木子店镇
8	麻城市木子店镇刘家湾村	2016 年 12 月	第 4 批次	木子店镇
9	麻城市黄土岗镇大屋垸村	2016 年 12 月	第 4 批次	黄土岗镇
10	麻城市黄土岗镇桐枧冲村茯苓窝村	2016 年 12 月	第 4 批次	黄土岗镇
11	麻城市黄土岗镇东冲村	2016 年 12 月	第 4 批次	黄土岗镇
12	麻城市阎家河镇石桥垸	2019 年 6 月	第 5 批次	阎家河镇

序号	名称	申报时间	批次	所在乡镇
13	麻城市宋埠镇龙井村	2019 年 6 月	第 5 批次	宋埠镇
14	麻城市龟山镇东垸村	2019 年 6 月	第 5 批次	龟山镇
15	麻城市龟山镇熊家铺镇梨树山村	2019 年 6 月	第 5 批次	龟山镇
16	麻城市木子店镇牌楼村	2019 年 6 月	第 5 批次	木子店镇
17	麻城市木子店镇熊家垸村	2023 年 3 月	第 6 批次	木子店镇
18	麻城市张家畈镇门前垸村	2023 年 3 月	第 6 批次	张家畈镇
19	麻城市乘马岗镇乘马岗村	2023 年 3 月	第 6 批次	乘马岗镇
20	麻城市夫子河镇刘家大塆村刘家大塆村	2023 年 3 月	第 6 批次	夫子河镇
21	麻城市木子店镇洗马河村	2023 年 3 月	第 6 批次	木子店镇

麻城市传统村落的分布集中在三个区域，分别都有其独特的建筑样式，但毕竟只在一个市县内，避免不了出现交互重叠的现象。第一个区域主要是北部山区，以黄土岗镇东部山区为主的生土建筑类型的传统村落，比较著名的有大屋垸村、小漆园村、桐枧冲村茯苓窝和东冲村等，以及乘马岗镇的乘马岗村，本区域建筑是"一颗印"式土砖建筑最集中的片区，还有刘家山、山牌头和地铺岩等传统风貌村落，传统村落的资源丰厚；第二个区域是麻城市正东部的集中连片区域，集中在木子店镇，这类建筑以山区大屋建筑类型为主，有木子店的牌楼、张家山和深沟等村，木子店镇因大山阻隔，交通不畅使其成为目前传统村落数量最多的乡镇，达到 6 个，而且经过调查，木子店镇还有保存很好的传统风貌的村落，包括邱家垱、石头板、游家塆等不下 10 处；第三个区域是西南区域，呈带状分布，集中从尾斗湖到夫子河镇的山区，包括谢店村和丫头山村等，这一区域内，是历史上黄帮商人的聚居地，青砖转马楼式建筑居多。

1.3 麻城市传统民居建筑

地域文化的不同使得建筑类型差异很大，麻城市各个乡镇之间存在一定的文化差异，也造就了建筑类型上的不同，丰富了麻城的建筑文化。麻城市传统村落建筑类型可以归类为四种具有麻城地方特色的传统民居样式，第一类是麻城北部小漆园和东冲传统村落集中出现的"一颗印"式土砖建筑；第二类是麻城山区集中出现的大屋建筑，这样的建筑往往都有四到五重，建筑规模宏大，是过去封建社会大家族集体意志的一种建筑样式表现；第三类是四排饿角建筑，四个饿角代表四季，这样的建筑是农业社会的典型产物；第四类是水寨建筑，这样的建筑类似古代的一个小城，村落周边都是壕沟，保留一个出口，是古代城市布局特点的村落样式。

1."一颗印"式土砖建筑

这样的建筑样式有麻城市的地域文化特色和需求，但可以肯定不是麻城首创，因为这样的建筑样式有我国早期建筑的元素，特别是建筑布局上的内向布局，建筑空间组合上的正房与厢房的组合关系。反映过去社会的礼仪制度，家族等级关系等。这样的"一颗印"式土砖建筑（图 1.3-1～图 1.3-3），目前在安徽，浙江、福建、江西、甘肃和云南等地都有相似建筑存在，从建筑材料和布局方式上可以明显看出是一个流派的建筑样式，甚至北京的四合院也是这样建筑院落的扩大版。但这样的建筑样式主要集中在麻城市北部和山区，南部平原地带很少，需要和周边地区的县、市进行深入比较研究，才能看出麻城建筑文化传播的路线。比较有意思的是，这类设计在后来还有传承，特别是公共建设的项目，也有类似的设计，我们在桐枧冲茯苓窝的传统村落里发现，其新修建的小学建筑（图 1.3-4），就是标准的"一颗印"式土砖建筑样式的扩大版，一正两厢，中间一个院子，其门头有苏式礼堂建筑的样式，可以看出既有传统建筑的传承，也有外来文化的影响，在交通不发达的时期，这样的文化交互和影响，远比我们想象得要强大，这栋小学建筑是典型的西学东渐文化影响的结果。

图 1.3-1 "一颗印"式土砖建筑

图 1.3-2 "一颗印"式土砖建筑正面

图 1.3-3 "一颗印"式土砖建筑室内

2. 山区大屋建筑

这样的建筑分布区域有其明显的特征，主要集中在麻城市木子店镇这类深山区域，木子店镇的 6 个传统村落全部都有大屋建筑（图 1.3-5～图 1.3-7），并且周边还有很多没有纳入传统村落的村子也是这样的建筑样式，建筑面积都比较大，普遍出现超过一千多平方米的大屋建筑，甚至像牌楼村的郑家老屋，原来的建筑超过两千平方米，建筑为六重五进院落。还有黄土岗镇的 4 个传统村落，其中小漆园村有 2 栋大屋样式的建筑，大屋垸村从名称就可以看出，这个村子的核心建筑就是大屋样式的建筑，黄冈师范学院胡绍宗博士的论著提到大别山山区农业开发过程，在明清大移民的背景下，大量的外来

图 1.3-4　小学建筑

图 1.3-5　李家冲大屋建筑

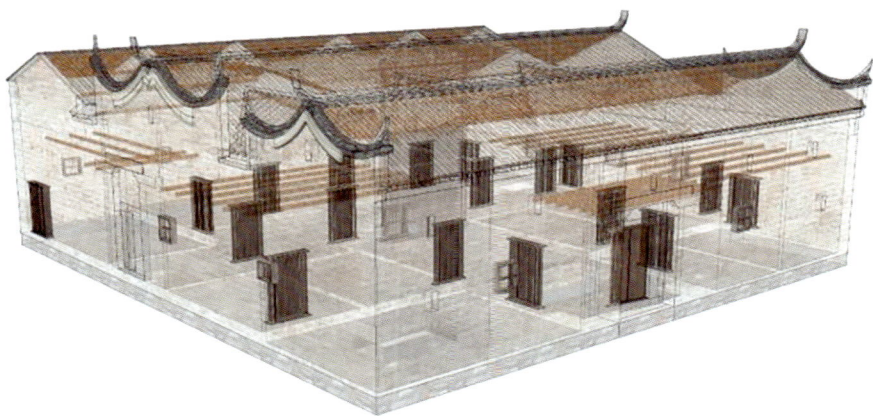

图 1.3-6　李家冲大屋建筑透视效果图

图 1.3-7　王家畈大屋建筑

移民不断来到麻城，平原易耕之地都早已被开垦，所以明朝政府制定向山区开发的政策，这一政策直接导致当时山区社会经济发展落后，是《麻城县志》上记载的棚民向山区不断开发的结果，这样大家族的进山计划，从房屋形态上看，多数以大屋重院的建造方式来推进，这与福建土楼建筑，在造型和营造理念上不一样，但工程组织方式和建筑模块化营造都如出一辙。

大屋建筑在平面布局上较一般单体建筑呈现灵活多变的特点。按照天井的数量和布局形式，可分为："一""口""十""日""目"和"川"等字形。其中前三种形式多半是大屋里的小型建筑，后两种建筑布局都是大型建筑，但在实际建筑中，变化更多，形式更丰富，特别是当下，单从屋面看，已经被改造得十分厉害，有时从结构和空间组织方式上较难辨

图 1.3-8　檐口砖仿木斗栱造型建筑

图 1.3-9　夫子河四排馓角式建筑

别。在大屋建筑中，从外观上看到的开间数量为明，以室内的实际开间数量为暗，常见的明暗式包括："明三暗五"（图 1.3-8）、"明三暗六""明二暗四"等形式。

3. 四排馓角建筑

　　四排馓角建筑（图 1.3-9、图 1.3-10），也叫四季样式建筑，不同于前面两种建筑样式，这种建筑样式造型张扬且丰富多彩，有自己独特的个性，在麻城地理分布上也有明确的界线，集中在麻城西南部，呈内弧状分布，这种四排馓角建筑寓意一年四季。图 1.3-9 的邹氏祠建筑，是三开间青砖建筑，檐口有壁画，这类建筑多是花屋建筑，离中间两个馓角距离比较近的部分和槽门结构设计平齐，两个山墙的墀头上还有馓角，这里由于是祠堂，所以馓角又和山墙的湾流水造型融为一体。

　　明清时期随着湖北农业生产力的发展，农业商品化加强，出现了湖北地域化的商人集团，黄州商帮就是其中之一。黄帮商人群体，在汉口开埠这一重大历史转折点之后，迅速成长为华中地区商业领域中一股强大的本土势力。他们在与外界的交往中起到了举足轻重的作用，他们的存在如同一条纽带，将外面文化源源不断地引入麻城，同时也将本地文化巧妙融合，有力地促进了麻城建筑文化的交融共生。因此，这里的建筑被夸张地修饰。

　　四排馓角建筑还有另外一个特点，就是建筑分布在黄帮商人的居住区，和前面山区建筑在地理和文化背景上有明显区别，扩大点看，在周边的罗田县、红安县和大悟县都有分

图 1.3-10 闵集枫布垸村吴家上垮

布，但这些区域从保留的情况看，一般是两个山墙有两个饯角的建筑居多，相比四个的要少很多，这样的建筑普遍分布在湖北的大冶县和阳新县，属于核心区，所以可以断定这类建筑与湖北东南边的建筑样式有着紧密联系。

4. 水寨建筑

水寨建筑研究的不是建筑的样式，而是村落布局，从村落的布局看，整个村子被壕沟围住，过去出行采用吊桥连接内外，壕沟宽 50 米，麻城的水寨村落（主要建筑布局已经改变）随着村落的变迁，现在还保留的有 20 多处（图 1.3-11、图 1.3-12），历史上数量应该更多，水寨建筑村落都分布在平畈区，所以多数靠近举水河不远的地方，水寨建筑在大别山的北部和东部的广大地区，数量不计其数，安徽省的江淮大地，山东省的鲁西地区，基本上涵盖整个河南省东部和南部地区，但是各地的名称不一样，在甄新生著作《皖西水圩民居》中，正式取名为水圩民居，当地俗称圩子，在麻城历史上通过光黄古道传入，在鄂东地区已经具有一定规模，根据调开，多数是太平天国运动时期修建的。1993 年 7 月出版的《麻城县志》记载，咸丰八年在黄土岗发生的战斗中，清军将领李续宾就是运用壕沟战术，驱使太平军从麻城撤离。水寨建筑现在大多被废弃，从北部的黄土岗镇到阎家河镇，再到南部闵集和白果镇，都有保留，但在麻城甚至湖北并没有大规模修建，因此这种独特的建筑样式，在麻城地区应得到保护。

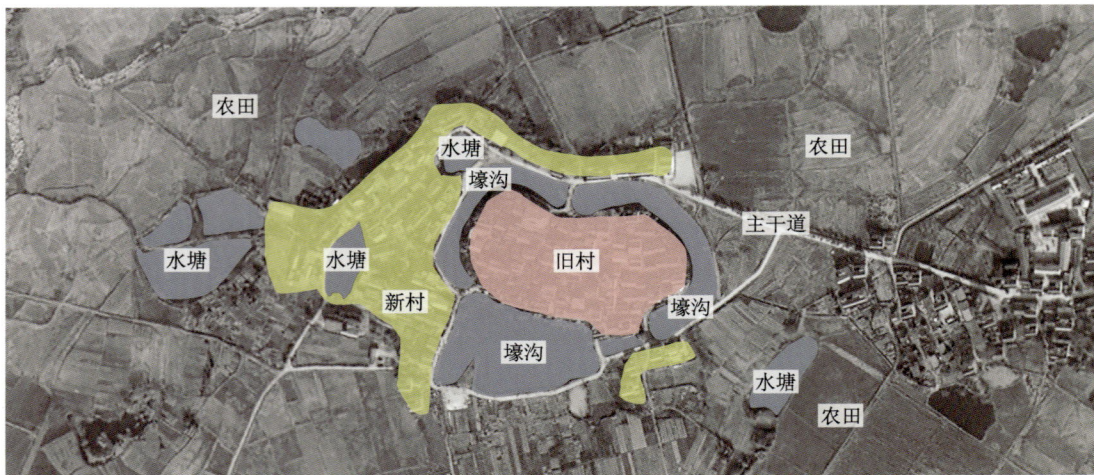

图 1.3-11 麻城夫子河陶家寨村航拍图

图 1.3-12 沙河边周家寨村航拍图

1.4 麻城市传统村落研究的意义与价值

　　麻城市地理位置优越，境内举水河流域一带的历史文化及重要历史事件可追溯到战国时期。悠久的历史和丰厚的文化底蕴，使得麻城市民居建筑一直是整个湖北省建筑文化的重要组成部分。作为历史层积的"断面"，麻城市记载了当地历史时代变迁中，民居建筑的演变过程和环境更替，对于文化研究和历史建筑探讨有较高的文学意义。麻城市民居建筑大部分是当地居民自建而成，虽然条件有限，但是所建建筑依然承载了丰厚的文化底蕴，展现了麻城举水河流域一带的风俗习惯和乡土人情。在古时交通不便的年代，水运是联络不同风俗文化的重要渠道，其建筑风格融合了不同的人文情怀和乡土气息，是记载最全的历史卷宗。

在麻城市21个传统村落建筑测绘中，对麻城传统村落建筑的选址、空间和用材进行了全面调研，将建筑的雕刻、装饰、色彩搭配及建筑风格等元素进行图文表达，使人们能直观地对麻城市的传统村落建筑有更加深入的认识，从而更好地宣传麻城地方文化。同时通过探讨麻城市传统村落的建筑特色（图1.4-1），对比研究传统生土建筑与民居大屋建筑的差异，根据当地建筑的兴衰史，研讨建筑布局和配饰差异，有利于更多的研究者将研究重心放在传统村落建筑反映的历史文化内涵上，让众多研究者找到更好的研究方向。对古老建筑的深入研究，会掀起一阵古风建筑风潮，建筑业也将借机迎来一次发展高潮。本次测绘调查研究可以带领更多读者，领略到麻城市古建筑的特色和内涵，并且通过传统村落背后的历史事迹宣扬中华民族精神。

图1.4-1　谢店古村原貌图（图片出自袁氏族谱）

随着国家"城镇化"措施的普及，多地出现了"拆旧建新"的现象，麻城市传统建筑也遭到了一定程度的毁坏。而且一般古建筑历史悠久，修缮费用较大，平常家庭居民很难承担得起。本次测绘研究能够增强国家、社会和民众对古建筑文化的保护意识，从而吸引更多人参与古建筑的保护工作，落实更科学的建筑保护方法。

依照测绘数据分析，响应乡村振兴和高质量发展的政策，引领乡贤、设计师、管理人员和艺术家等走进乡村进行设计实践，实现地域文化下的营造方式回归。建立有地域特色的建筑技术人才储备与人文价值体系，改变乡村"西化"建筑现象，达到地域建筑的文化认可、回归与自信的目标。

从学术价值上看，主要是改变以往镇域之间受行政划分影响，研究力量分散的局面，形成麻城市所有传统村落建筑体系研究。通过对麻城市传统民居建筑文化特点的分析，反映特定社会背景下，建筑成为家族精神凝聚的产物，构成社会稳定发展的动力。测绘传统村落建筑的结构、空间、材料、色彩和室内陈设等构成元素，形成麻城市传统民居建筑的语汇，还可以建成传统村落建筑的翔实数据库，为将来从社会学、历史学和建筑学的角度研究麻城市传统村落提供资料。掌握麻城市传统民居建筑隐含的价值，作为将来建筑发展的原生动力，建立建筑技术与人文价值的体系。通过对麻城市传统村落的研究，探讨传统村落的文化与艺术功能，加强其保护与现代转型工作，以提高麻城市农村建筑的文化性和功能性发展，加强传统村落公共文化服务效能的领域研究，有利于拓展农村建设的研究思路。

以建筑文化为研究背景，积极利用建造技术与理念，将其转化为地域文化下的建造标准，重塑文化特色的建筑发展道路，为地方政府、设计院和个人提供设计蓝本，指导施工。通过对传统建筑的宣传，结合《国务院关于新时代支持革命老区振兴发展的意见》，唱响文化品牌，形成乡村振兴的引擎，带动经济发展。通过对麻城市传统民居建筑的结构、空间、材料、色彩和陈设等方面知识的分析，提炼和吸收其养分，传承麻城本地特色营造技艺。经乡贤、设计师、管理人员和艺术家等人的设计实践，实现麻城本地建筑文化背景下的营造方式回归。

第 2 章

麻城市传统村落
的建筑特点

麻城市传统村落建筑

麻城市传统村落建筑特点的研究，其涵盖的知识很多，这里主要集中在传统村落的选址、村落的形态、建筑的空间组合、建筑外观、建筑的构成和装饰元素等方面。既是单项研究也是综合考虑，是一项系统工程，从不同的角度和关注点出发，全面阐述麻城市传统村落建筑的特点。

2.1　麻城市传统村落的选址特点

麻城市传统村落的选址是综合因素的一种考量，主体是居民对生存空间的构建，国家政策的主导也是重要的原因，历史上"江西填湖广"的移民政策即是如此。各种人文因素，在历史的演绎中形成麻城市传统民居的选址特点，具体看先民在选址修建这些传统村落的时候，是重点考虑生活、生产和安居等因素的结果。

1. 靠近水源

传统村落的选址比较注重建筑靠近水源与利用水源。水是生命之源，择水而居是人类的自然属性使然，《管子》里记载择居的要领："非于大山之下，必于广川之上；高毋近旱而水用足；下毋近水而沟防省。"建村时靠近水源的原则从古至今一直使然，满足村落选址的生存条件。从麻城市传统村落的选址情况看，南部举水河流域内的村庄密度非常大，由于举水河呈东北向西南的流向，造就了这里的村落和建筑的布局呈西北向东南的朝向，像宋埠镇的谢店古村，村落面积 7.2 公顷，有 150 多栋建筑，夫子河镇的付兴湾传统村落，村落面积 17.3 公顷，建筑有 380 多栋，村子靠近沙河，历史上是麻城南部重要的码头，村里还保留一段农村商业集市，是一个大规模的传统村落，这两处环境景观独特，周边环境除了稻田就是村庄，这里水源充足，田野肥沃，宜于耕作，是村民优先选择建村的位置，也造就了村村相连的村落布局。而大别山腹地的一些传统村落，建村因地制宜，注重利用山泉水的汇集之地，比如北部黄土岗镇的东冲、大屋垸和茯苓窝等村，很好地利用了山区河流小溪的水源，解决了生活和生产问题。

2. 涟漪农田

无论是山区还是平原，选址时都看中村湾周边的田地，具有丰富可开垦之地，才是真正维持传统村落存在的生存宜居空间。麻城市传统村落的村庄与周边自然环境完美结合，创造出村落自然环境之美，靠近农田，方便农业生产。在麻城传统村落里，大屋垸村就是这样的典型村落，在作者与村民调研中得知，何氏祖先在村落周边总计开垦出300多亩梯田，人均田亩远远超过周边村落，又种植6000多亩油茶。因此，在小漆园自然村里，大屋垸村一直是最富裕的村落。远观大屋垸村，远处的山形、油茶林、高低错落的梯田、炊烟袅袅的人家，自然完美地统一在一起，人与自然的和谐共处，是传统人居环境的杰出典范。而鲍家东垸村，山内田地有限，不能满足生存空间对田地的需求，据说过去鲍氏家族成员从小习武，干起了保镖运输工作，但也是一个孤例。一般村落周边都是适合耕种之地，前面提到的靠近水源的选址，很大一部分的原因就是要满足农业之需。

3. 安居之所

麻城市不少村落居于山顶之上，水源不充沛，这样的村落选址的原因又是什么呢？比如东垸村，洗马河村和小漆园村，为了解决水源问题，在村落周边开挖特别多的池塘，典型的就是东垸村，历史上进出的古道狭窄陡峭，山顶水源不足，东垸村的鲍氏祖先就在村前开挖四口池塘，解决用水问题。今天看来不易到达的村庄，偏安一隅，是满足防御的需要，这三个村子进村的道路都十分陡峭，洗马河的村庄直接修成山寨，至今仍不易到达。这些不易到达的村落，很好地利用了地形地貌元素，寻求心中的桃花源，进村只有一条陡峭的山路，扼守咽喉之地，在过去治安不好的年代，这样的村落选址，为安居生活提供了必要的条件。

2.2 麻城市传统村落的形态特点

村落建筑的整体形态和其开始的选址和所处的地貌特点有紧密的联系，麻城市的这些传统村落的建筑都是在不断地变化，从村落不断壮大的过程中，呈现出来的建筑肌理发展状态也不同，但从中也能寻求出一定的规律，无论是贯连式、联排式还是散点式建筑布局的村落，都有形成核心和轴线的位置，比如小漆园村的两个祠堂都在村落的核心位置，木子店镇刘家湾村传统村落张家中塆，大房（大儿子及其后代）的建筑在村子的核心位置，秀才房的二房（二儿子及其后代）靠左，三房（三儿子及其后代）靠右，严格按照过去礼制要求进行布局。麻城市传统村落的营造遵循宜居、生长、理水和安全等原则，形成了不同的村落形态。总体来看有负阴抱阳、背山面水的形态；有带状空间的形态，特别是山区沥水通风效果好，建筑密度小，利于防火；有九龙串珠式建筑布局形态，这与带状空间形态在类型上更加接近，这样的村落一般规模大，需要标准的出水和交通，所以整齐划一；还有水寨式建筑布局形态，它是利用古代城防体系修建村落的一种形态，外围的壕沟元素醒目，是这一类建筑的鲜明特征。

1. 负阴抱阳，背山面水的形态

麻城市的村落无论是自然景观还是生态环境，负阴抱阳的村落选址较佳，也是麻城市民居建筑中常见的选址方法，主要由麻城所处的纬度决定，这样的选址从功能上看，能增强建筑的采光系数，能保障太阳刚升起就能照耀到建筑中，特别是麻城地区的建筑过去都是内向型建筑布局，对外不开或开很小的窗户，只具有通风效果，不具备很强的采光功能，依靠天井来采光，负阴抱阳的建筑选址就显得尤其重要。利用山脉产生负阴抱阳与背山面水的基址，麻城的传统村落都是在阳坡上建房，前低后高，具有强烈的空间层次感，小漆园（图 2.2-1）传统村落、龙门河村的深沟和熊家铺村的梨树山都是这类典型的村落，前面是田地，后面是高山，中间的村落与周边环境达到完美融合，并且是向阳朝向，必定带来心情的愉悦与舒畅，更加宜居，高差也利于排水。村落基址不仅使乡村聚落与自然环境的空间构图更加完善，而且有利于节约耕地，满足农耕经济的需要。同样，在麻城平原地带也追求负阴抱阳的选址，利用平原地带的高差关系，前面都是长条状池塘，后面没有大山，就地种植树木，很好地阻挡了北风的侵袭，这类传统村落在麻城市比较少见，只有夫子河的付兴湾村。

2. 带状空间形态

麻城市很多传统村落都是呈带状布局，无论是山区还是平原地带，这样的布局方式比较常见，特别是山区和丘陵地带的传统村落，多运用这样的方式，其优势在于建筑位于山体和下部田地中间，建筑既能依附于山体，地基稳固，不占用耕地，还处在高位，方便雨水流出。夫子河镇的刘角林和龟山镇熊家铺村的梨树山都是这样的村落。

刘角林传统村落（图 2.2-2）共保留有 105 栋建筑，建筑分布在一片山坡上，一字长条状排开，东西长 490 多米，核心地区上下宽 160 米，其他地方宽窄不一，靠近西北角宽 35 米，之后慢慢变窄，整个湾组成带状空间。建筑分布在高差较大的坡地上，层层叠叠的建

图 2.2-1　小漆园外景（胡绍宗拍摄于 1992 年）

筑布局达到 10 层楼高，村落的其他组成元素包括梯田、河流、山体和道路，和蓝天白云形成麻城乡村田园美丽画卷。熊家铺村的梨树山村长 277 米，宽 45 米，村落的前后高差较大，也是典型的带状空间形态的传统村落。

3. 九龙串珠式建筑布局形态

这样的建筑从整个村落看，整体呈"川"字形布局，村落的建筑一字排开，中间既是巷道也是水沟，建筑之间相互独立，利于防火，交通比较便利，通达性较高，很有规律。典型的传统村落有歧亭镇丫头山和杏花村。九龙串珠的布局方式，后山上的来水和建筑要排出的水，都由精心设计的排水系统所承担，建筑的巷道铺青石板，下部为排水沟，丫头山排水沟的高度达到 1.5 米，宽度接近 1.2 米，每个巷道都是这样设计的，据村民说，抗战时期，日军进入丫头山，村民就是从这些下水道进行秘密撤离，从而逃脱他们的追捕，可见下水道规模有多宏伟，即便到 20 世纪 60 年代，还有很多小孩在里面玩耍。建筑天井收

图 2.2-2　刘角林传统村落航拍

集的雨水也是自成一体，与主下水道平行布置，间距约 6 米，从最后一重的阳沟慢慢向前排出，雨水最终进入池塘，但这个排水沟比较小，高和宽只有 0.4 厘米，没有门前巷道那么宽，但也很好地解决了屋面雨水的排出。丫头山传统村落如图 2.2-3 所示。

4. 水寨式建筑布局形态

康熙九年版本的《麻城县志》有这么一段记载："沈家庄在县东十里，为梅中丞长公宅，前临桃林河，崇祯季，为御寇筑为堡。"梅之焕的长子之宅，在崇祯年间，被改造成寨堡建筑，这是麻城水寨建筑最早的记录。水寨建筑是容易判别的一种布局方式，其明显的特点是村子外围有一圈壕沟，宽度约 40 米，村子只留一个出口，守好门楼入口，整个村子就安全了。这样的村落布局在举水河流域从北边的黄土岗镇一直向南，两岸平原地带都有，类似过去"小城"的布局，构成元素包括护城河、门楼、围墙和村内民居建筑等，这些建筑元素形成联合的防御体系，在举水河一带的水源充足之地，水寨类建筑能很好地拒敌，依

靠壕沟的防御能力，是当时情况下最优选择。新中国成立后，阎家河镇石桥垸村徐家寨村（图2.2-4）原来的建筑不能满足居住的需求，加上社会治安变好，这样的村落建筑布局方式不再需要，慢慢填埋废弃，徐家寨的传统村落已经看不出水寨式村落模样，现在村北仅存一条76米长的壕沟遗迹，从村名看，周边几公里还有郭家寨、丁家寨和曾家寨，可见，这样的建筑样式在举水河流域曾经普遍存在过。麻城西郊水寨村和夫子河陶家寨航拍图见图2.2-5、图2.2-6。

图2.2-3　丫头山传统村落

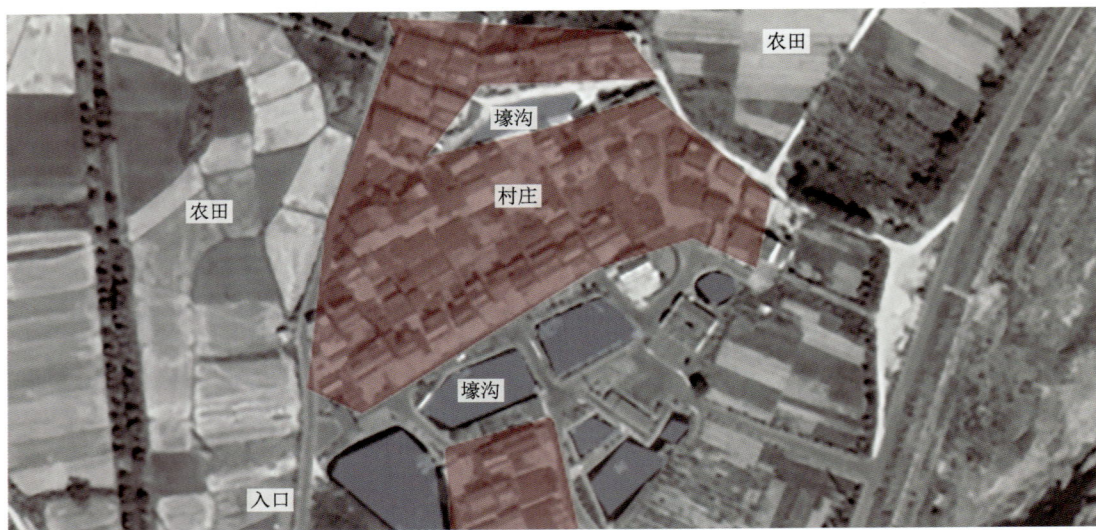

图2.2-4　石桥垸村徐家寨村航拍图

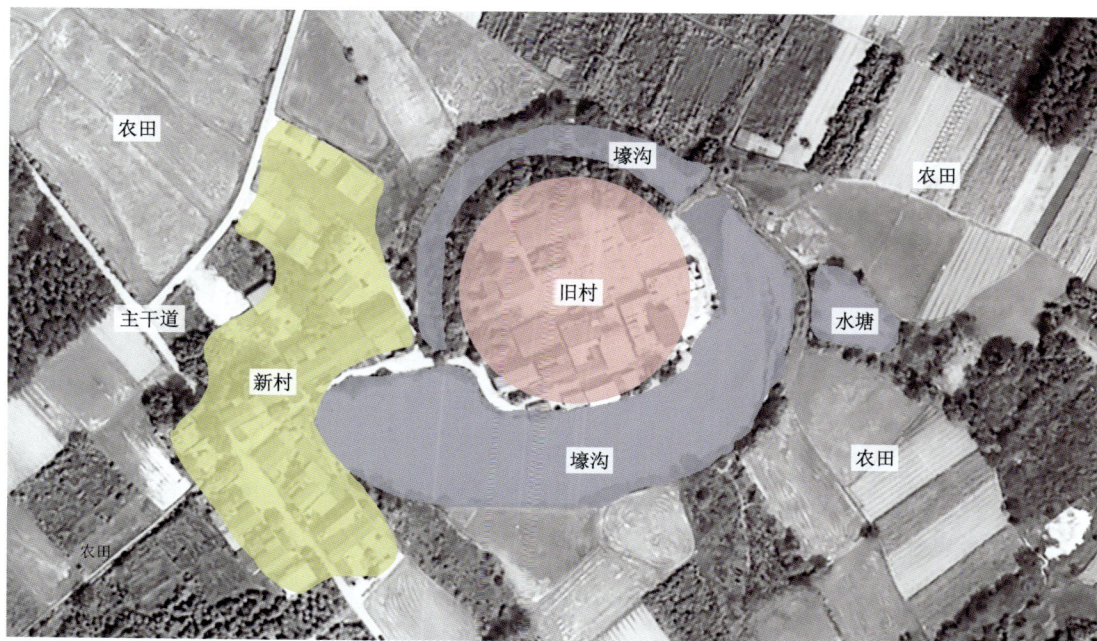

图 2.2-5 麻城西郊水寨村航拍图

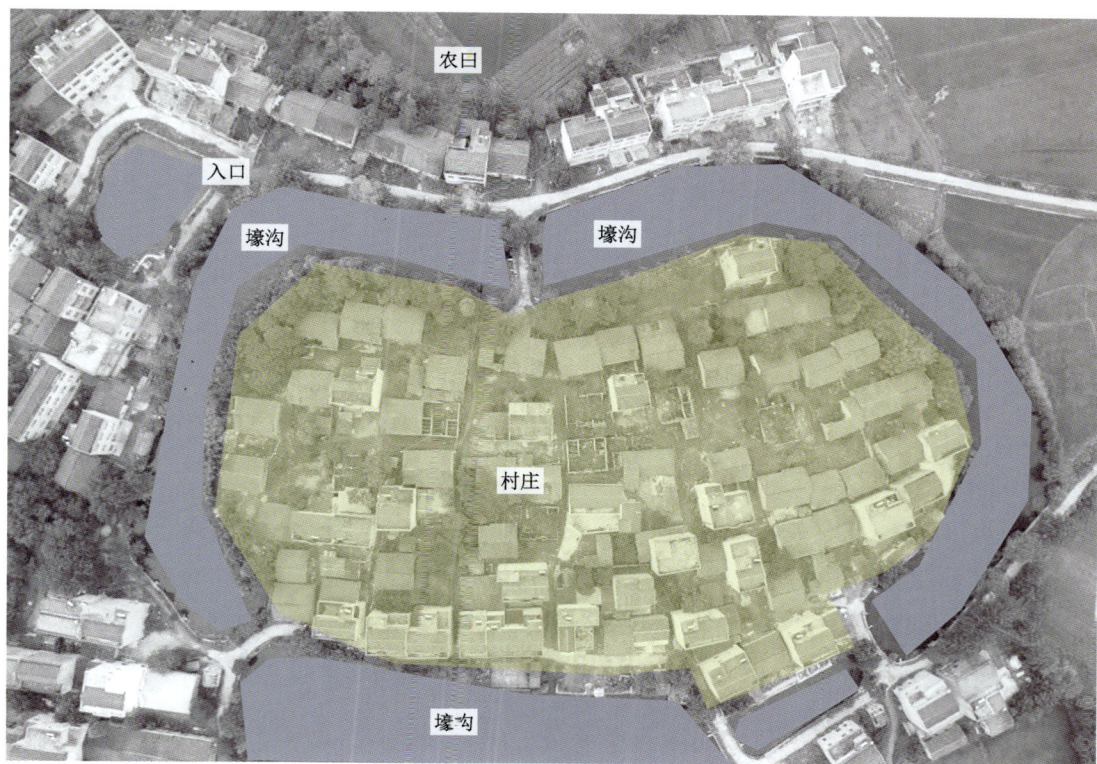

图 2.2-6 夫子河陶家寨航拍图

2.3　麻城市传统村落建筑的外形特点

中国古代社会对于建筑的规模、形制，甚至选址都有很严格的礼制规定，侯幼彬在《中国建筑美学》中写道："庶民所居房舍不过三间五架，不许用斗栱及彩色装饰⋯⋯屋顶的瓦样规格、琉璃色彩、屋脊瓦兽、山花悬鱼等，都有等级限定。"由麻城市的地域特点决定，多数村庄的建筑规模都不大，建筑密度小，建筑之间的防火迫切程度比皖南民居要小。根据麻城市的经济条件，民居建筑在修建之时，70%都没有修建封火山墙，普通建筑就是悬山顶，工程量小，造价便宜。硬山顶造型建筑是在经济条件好的地主家宅、祠堂和村落公共建筑才修建。出于炫耀宗族，敬宗望祖的需要，集全族财力修建的祠堂建筑精美绝伦，典型的有麻城东部盐田河镇的雷氏祠，整个建筑群雕刻精美，山墙变化也特别丰富，涵盖几种建筑形式，堪称麻城民居建筑精美程度之冠。麻城市传统建筑的外观形式，可分为翘檐口硬山封火墙式建筑、"四季"式墀头建筑、曲线马头墙建筑、湾流水山墙建筑（三弧线造型封火墙建筑）四类形式，有单一形式组成的，也有混合出现的，变化多样，但又有一定的内在规律性。一般祠堂是递进布置，所以前进房屋是三弧线造型封火山墙建筑样式居多，继之以曲线马头墙式或翘檐口硬山封火墙式建筑。而大屋建筑一字排开式布局，靠近大门的房屋多采用湾流水山墙样式，房屋山墙则是曲线马头墙居多，因此根据湾流水山墙多出现在建筑的重点部位，把屋顶及其带曲线的结构作为重点而加以突出[1]的特点来看，这应该是建筑被赋予权力与文化的宣示。

1. 翘檐口硬山封火墙式建筑

这样的建筑从等级上来看，属于较低等级，但还不是最低等级，最低的是悬山屋顶建筑，山墙不做造型，因为要在山墙的两边修建墀头，这样的设计必须采用耐水性好的材料，譬如青砖才能胜任，而广大群众熟知的土砖建筑，只能设计成悬山顶，才能够保证墙体不被雨水侵袭。如宋埠镇彭英民居建筑（图 2.3-1、图 2.3-2）。

从建筑正面看，这种翘檐口硬山封火墙式建筑是两边山墙各有一个墀头，是麻城市民居建筑之中最常见的建筑样式，可能是基于建筑造价低廉的被迫选择，两旁山墙建的两个墀头，就能达到建筑的升华，用最小的成本达成建筑的升华，当地把山墙上的墀头叫"兽头"，从当地老人那得知，他们对建筑中"兽头"的保护意识非常强，这种观念的持续促使

---

① （美）李约瑟：《中国科学技术史》，科学出版社，上海古籍出版社，2008，第70页。

图 2.3-1　宋埠镇彭英民居建筑示意图

图 2.3-2　宋埠镇彭英民居建筑场景

图 2.3-3 闵集镇枫布塆村吴家上塆"四季"式墀头建筑

他们对山墙上的墀头进行维修，当地居民认为建筑中的"兽头"会给家庭带来福报，因此被赋予人文观念。

2."四季"式墀头建筑

"四季"式墀头建筑是山字纹造型翘檐口硬山封火墙的加强版本，比一般的马头墙要多出两个"兽头"，自然"福报"也更多。在农业社会，一年四季对季节的把控，历法的掌握决定农业生产，因此人们自然也重视这种以季节为寓意的建筑样式，因为建筑是硬山山墙，从正立面看有四个墀头，两个山墙的前沿位置各有一个，中间入口的门头上边有两个，间距等于大门开口宽度，当地叫"四季"式建筑，空间布局上和一般的"一明两暗"式三开间建筑布局基本相同，只在外观上有一些差异，在麻城市的南部平原地带保留较多。如闵集镇枫布塆村吴家上塆"四季"式墀头建筑（图 2.3-3）。

3. 曲线马头墙建筑

麻城市建筑正面极少出现马头墙，主要有以下三种形式：一是居于侧面山墙的马头墙，大多数的建筑都是运用这种形式；二是居于民居建筑入口处的马头墙，这样的建筑为牌楼式入口，像牌坊和建筑墙面的组合，是当地最高等级建筑才采用的样式；三是正面山墙的马头墙，这种造型建筑在麻城运用很少，只在盐田河镇肖家山发现一处，大屋建筑入口的正面是曲线上翘马头墙的造型。

麻城建筑的马头墙和皖南民居的马头墙有明显的差别，皖南民居的马头墙是直线造型，而且在两旁的山墙和正面都有马头墙，后面空旷，建筑被墙体包围得十分紧密，与建筑的组合方式和建筑密度有很大关系，建筑的防火性能应该要高一些。江西民居建筑之中也普遍采用类似的马头墙形式，但要矮小很多，更接近皖南民居的造型。而麻城地区的马头墙，多数在建筑的两侧山墙上，且不常用，所以每当这样的建筑出现，在村庄之中也比较醒目，它不像皖南的马头墙修建得那么平直，而是有一定弧度，微微向上翘起，在造型上不呆板，比较优美，典型的是丫头山传统村落的山墙造型（图2.3-4、图2.3-5）。

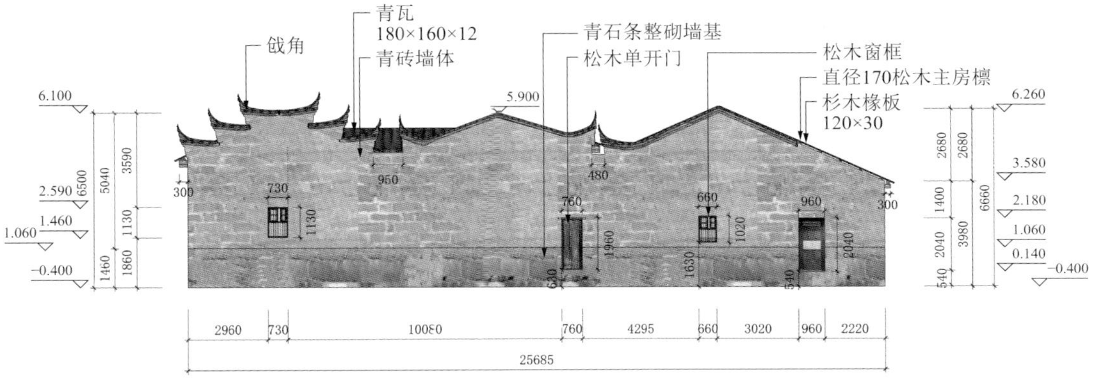

左立面图

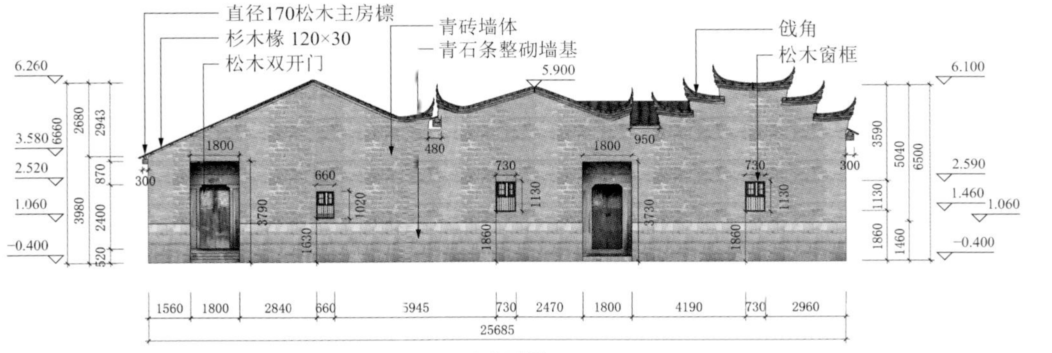

右立面图

图2.3-4 丫头山传统民居马头墙建筑

图 2.3-5　丫头山马头墙建筑外观

4. 湾流水山墙建筑

从建筑样式的起源来分析，湾流水的建筑山墙形式，似乎是被当地居民选择的结果。明代初期，麻城从江西迁徙来很多居民，江西到湖广地区（主要指湖南、湖北）自唐代以来便已有之。研究历次移民对该地区的综合影响，首先是元末明初时期，即移民史上所说的"洪武大移民"，"洪武大移民"在湖北地区，江西籍移民依然是主流，占到了 70%。其次是明朝永乐年间到明朝后期，虽然移民不似洪武年间猛烈，但因持续时间较长，总量也十分可观。为了表达故土难离的情怀，祠堂在外观上明显有别于其他房舍。除了建筑体量比较高大外，入口立面、山墙的处理都有其独特之处。最具特点的是那极富动态气势如游龙般的山墙，当地人称"滚龙脊"，在整个村落中尤为突出。在宗祠、庙宇和大屋建筑这些高级建筑和标志建筑中修建湾流水山墙，是祖先记忆在建筑中的体现，促使他们选择这样的造型。熊家垸李家冲大屋西立面如图 2.3-6 所示。黄土岗镇桐枧冲王氏

图 2.3-6　熊家垸李家冲大屋西立面

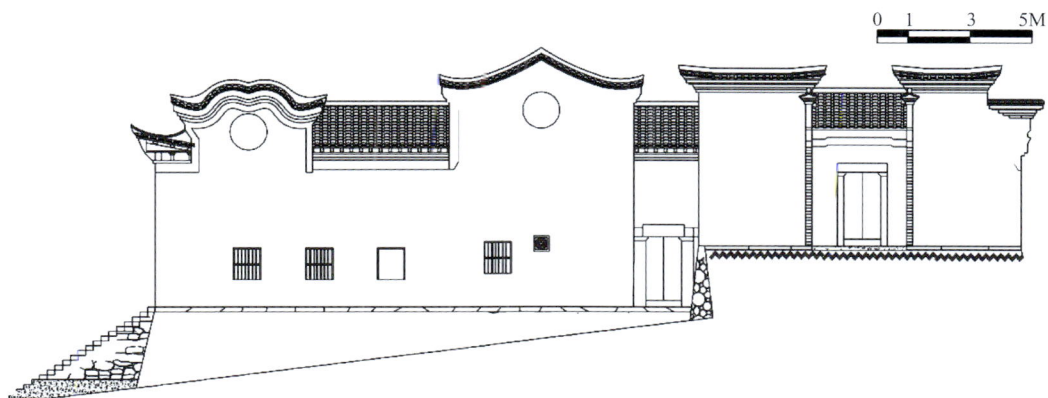

0　1　　3　　5M

图 2.3-7　黄土岗镇桐枧冲王氏祠东立面

图 2.3-8 五脑山帝主庙山墙

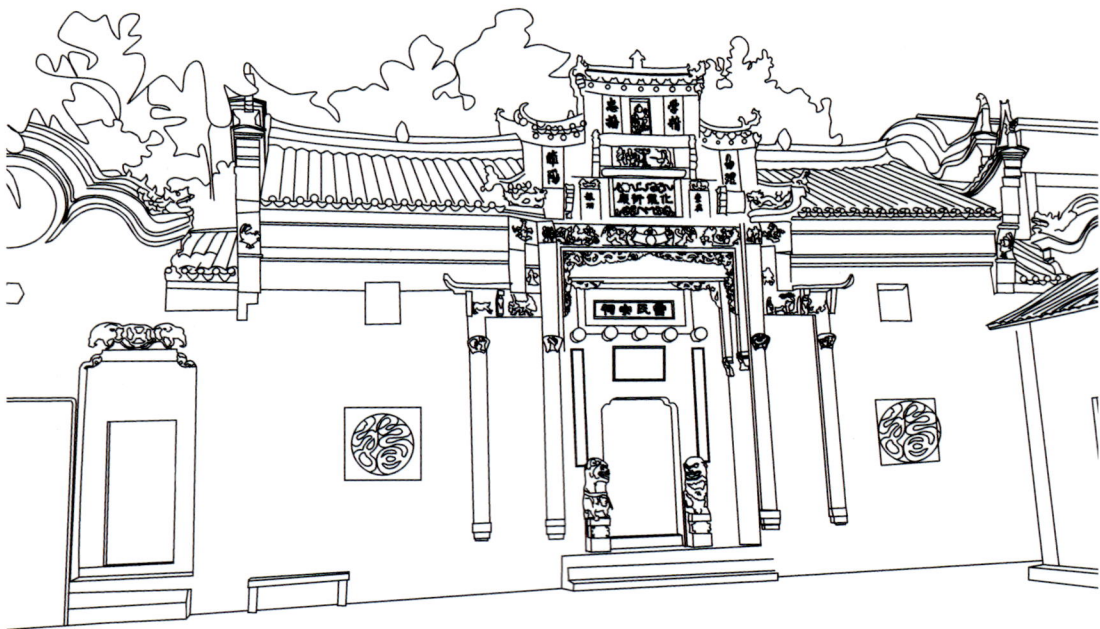

图 2.3-9 盐田河镇雷氏祠屋顶结构

祠东立面如图 2.3-7 所示。五脑山帝主庙山墙如图 2.3-8 所示。盐田河镇雷氏祠屋顶结构如图 2.3-9 所示。

从湾流水山墙的造型看，最常见的是中间一个正圆，两旁两个小圆弧组成的三弧线的山墙造型，上面的正脊是用青瓦竖向码放，山墙前面的上翘位置，往往被塑造成龙头，屋后方向被塑造成龙尾，所以才叫"滚龙脊"。这样的造型更是源于"五行"之说，三个圆弧的屋脊代指"水"，是北方的意思，对北方的追求预示对中原文化的记忆。这样的造型民居建筑一般不用，多用在祠堂和庙宇之中，是典型的祭祀空间才使用的一种样式。

那么民宅用湾流水造型怎么办？木子店镇的传统村落、熊家垸传统村落里多次发现另外一种适合民居使用的湾流水造型，不是三弧线造型，而是如意弧造型。黄土岗镇桐枧冲的王氏祠也用这样如意造型的山墙，但祠堂用如意造型的山墙只有这一处，这是麻城山墙造型最重要的语汇，只在本地出现，可以在麻城大规模宣传和推广。

2.4 麻城市传统村落建筑的空间组合特点

麻城传统民居的建筑平面布局依照区域、财力、规模、地貌、家族和历史等因素，出现"一明两暗"式、"一颗印"式（图 2.4-1、图 2.4-2）和大屋天井式为主的三种建筑样式。无论什么样式的建筑，都呈现对称布局，中间有中轴线，轴线上的建筑成为纵深建筑空间的节点和转换点，有较强的空间层次感，在移步换景中赋予时空特色。从空间功能上看，轴线上的空间主要是待客、休憩和祭祀的空间，属于家庭里的"公共空间"，建筑里的"动"空间，轴线两侧分布的空间是住宿、学习、储藏和餐饮等功能的空间，属于家庭里"私密空间"，建筑中的"静"空间。

"一明两暗"式三开间的建筑布局，堂屋居中在中轴线上，内室分布在客厅两侧，间架分明，划分合理，主从关系明确。在这里需要特别说明，这里的三开间样式，不是标准的一厅两房的建筑样式，还有四开间或五开间，一字排开，周边有时还有几个小屋，我们把这样的民居建筑布局方式都统称为"一明两暗"式三开间建筑布局，所以打引号。这样的建筑从过去家庭的经济条件来讲，一般是最底层的建筑，在麻城各个乡镇长期以来都是普遍性存在的，也是传统村落里保留数量最多的建筑样式，特别是有水乡之誉的谢店古村，在 20 世纪 50 年代末为修建尾斗湖水库，村子整体搬迁，如今古村的建筑基本是三开间的单体建筑。普通"一明两暗"式三开间建筑布局大部分是悬山顶，现在保留的最常见的是

图 2.4-1　东冲"一颗印"式土砖建筑结构图

图 2.4-2　小漆园"一颗印"式土砖建筑

土砖建筑和青砖建筑，历史上，麻城可能还有这类样式且数量较大的茅草房，但现在基本看不到了。

"一颗印"式建筑是平面布局较简单的建筑，有家族意识的小型化"一颗印"式天井建筑，往往表现为"明暗不等"的形式。三间的房屋实际上并不是普通的"一明两暗"式三开间建筑，而由于有隔墙，实为五间，即"明三暗五"。现在主要分布在黄土岗镇的东部山区，过去在麻城市也是普遍存在。"一颗印"式建筑，被当地村民称为"大推车"建筑，即从外观上看，是左右对称的建筑。如果不对称，而是一边大一边小的建筑，即"明三暗四"建筑，当地称为"小推车"建筑，这样的建筑布局满足祭祀和信仰空间需求，这是"一颗印"式天井土砖建筑存在的重要原因，从建筑中轴线的大门进入室内不到 3 米的位置，就建有一个 1 米长的阳沟，承接天井雨水，那么在门口主要交通位置，布置这样的不便于出行的阳沟，肯定是精神需求大于实用功能而造就的，对照后面的堂屋，正好也是祭祀祖先的位置，堂屋的上方墙边，有祭祀用的条案、木雕神像、香炉和蜡烛台，祭祀器物齐全。"一颗印"式天井土砖建筑以堂屋为中心，左右两旁各有一个出口，很多兄弟分家，左右两边各为一家，不用任何动作，就完成建筑与家庭的分割，可以看出建筑设计之初有模块化的意思，这是民间智慧的重要呈现。

大屋天井式建筑在麻城的存量目前还比较大，在平面布局上也好理解，建筑布局有中轴线，依靠院落和天井来组合空间，单体建筑呈现灵活多变的特点。麻城市大屋天井式建筑具有多重功能性特征，满足了生产、生活、居住和娱乐等功能，建筑体量大，空间组合复杂，但其核心依附于中轴线，被划分为"动""静"分明的两大空间，再依靠左右厢房上的天井，组合子集的小空间，从而串联起所有空间，形成一个完美的大屋空间。大屋天井式建筑具有明显的气候调节功能，能弥合不良气候的侵袭。这种内向型布局的大屋天井式建筑具有很强的防御能力，所以建筑向外几乎没有一扇窗户，墙体高大结实，形成一道坚固的防线。建筑还体现伦理与礼仪的功能，麻城大屋建筑都是在家族集体意志下修建的，建筑群规模庞大，体现礼教制约下的思想意识和心理预期。如熊家垸李家冲大屋建筑（图 2.4-3）。

在麻城各地出现的大屋天井式建筑的平面布局形式有："口"字形、"十"字形、"日"字形、"目"字形和"川"字形。前面三种多半是大屋里的小型建筑，小漆园周边的传统村落片区的"一颗印"式建筑，就是围绕"口"和"十"字形造型组合而成的。丫头山村的院落建筑是"日"和"目"的建筑布局样式，而木子店的大屋建筑规模比较大，多是运用"川"字形进行空间布局的，木子店传统村落里牌楼村的大屋建筑就是典型的"川"字形布局，麻城大屋建筑中的大型建筑，在实际当中，变化更多，形式更丰富，

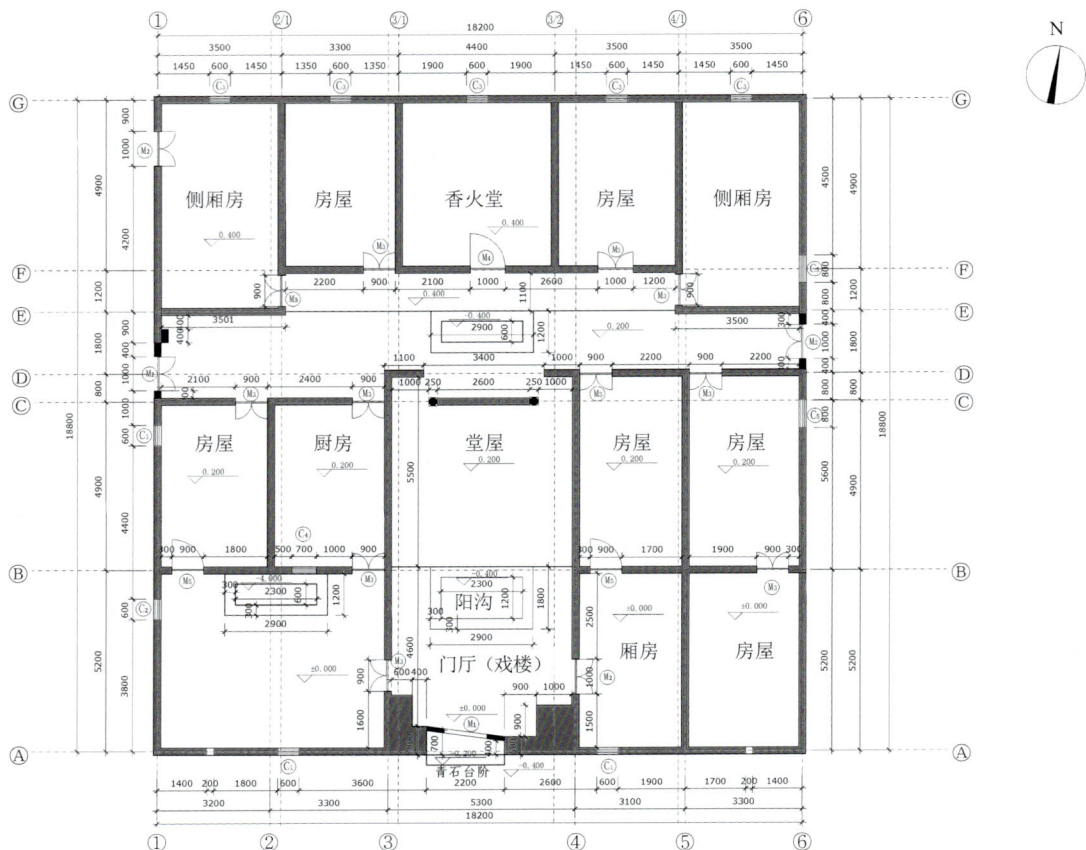

图 2.4-3 熊家垸李家冲大屋建筑平面图

特别是当下，单就屋面看，已经被改造得十分厉害，有时从结构和空间组织方式上很难辨别。

2.5 麻城市传统村落建筑的结构特点

麻城市传统村落里的建筑结构普遍运用悬山屋顶房梁结构，房梁依靠墙体来承重，其长度由开间决定，每根房梁的间距很小，说明当时的资源有限，从保留的早期大别山的照片看到，山都是光秃秃的，树木很少，所以房梁间距约为 60 厘米，甚至更小，主要是房梁的直径很小，没有大树，多数只有 10 厘米。少数高规格高等级的建筑结构，用叠梁式结构，在木子店镇的传统村落里，大屋建筑前厅的房梁结构，都是叠梁式的建筑样式，麻城也有其自身的创新，叠梁结构的主梁是采用如意造型，也叫麻云结构，是清代中晚期民居建筑的典型结构。除了这两种典型建筑结构外，还有井盘架结构、雄梁结构、骑楼结构和朝楼结构等，类型多样，结构精巧，蕴含着麻城先民的重要智慧。

1. 井盘架结构

在麻城北部黄土岗镇的小漆园村，还保留有几十栋"一颗印"式天井建筑，在建筑的外观和平面图里可以看到，天井的上方有一个和天井大小差不多的方形口，雨水都流进天井里，设计的初衷是聚水聚财的美好寓意，这样的设计手法在全国很多地方都出现过，其中比较典型的有皖南的民居和福建客家土楼等。其实只解释聚水聚财是天井的设计目的还有一些不妥，或者说不仅仅是这样的意义，不否认古人通过建筑对财富的期许，但最大的需求还是对祖先崇拜的体现，从建筑的造型看，这样的需求比聚水聚财的凤愿强。所以，大门是供给活在当下的人来使用，而天井除了采光之外，还寓意着给故去的亲人回家看看的"神道"，两个通道都接近门口，分类处置。黄土岗镇小漆园社区东冲村小天井如图 2.5-1 所示。

从使用角度看，方形的小天井在堂屋里面，又靠近建筑主入口，人员每次进门都要绕道，按照现在的生活方式来讲，效率低，不便利。"一颗印"式天井建筑却又是当地首选建筑类型，直到 20 世纪 80 年代后不再修建。一般山区的传统村落还有保留，建筑是土砖瓦顶建筑，外粉刷黄色泥土，根据山区的防水要求，墙体下部约 1 米高的地方是用条石修建的，相比红砖和青砖房屋，这类生土建筑在村子里属比较醒目的建筑。其最大的玄机还是内部结构，从进门到天井再到堂屋，没有一根柱子，那么内天井的巨大屋顶，其承重是怎么解决的呢？

井盘架结构是解决这种承重问题的关键，井盘架的承重主体是建筑门楼部分的屋顶，天井四边存在高差，其中门楼部分要低于堂屋建筑的屋顶，从上空鸟瞰，

图 2.5-1　黄土岗镇小漆园社区东冲村小天井

图 2.5-2 黄土岗镇小漆园社区东冲村井盘架结构天井

图 2.5-3 麻城市黄土岗桐苋冲民宅雄梁

屋顶是四水归堂的造型，由于屋顶出现相互交叉的设计，顶面的开口非常小，只有 60 厘米，这样的设计有两个好处，一是可以减轻井盘架的承重，特别是当堂屋的屋顶是一根长横梁单独承重时，井盘架负责前面一半和两个侧面的屋顶承重，面积都不大；二是可以增大堂屋的采光通风角度，当接触面增大一倍以上时，能保证采光、通风和保暖的效果。这是麻城民居建筑结构设计中的经典方法，如黄土岗镇小漆园社区东冲村井盘架结构天井（图 2.5-2）。

2. 雄梁结构

梁是木结构建筑中屋顶承重的重要构件。在房屋建设的时候，"上梁"最有仪式感，是房屋修建之中，最浓重的活动之一，雄梁结构在麻城民居建筑独树一帜，具有很强的地域文化特点。堂屋的主房梁由两根梁组成，其中上面的第一根是真正起到承重作用的房梁，在其下方 15 厘米的地方，会出现第二根房梁，如图 2.5-3 所示的有彩色图案的那一根梁，正中间画有红色双喜，旁边绘制牡丹花的图案，由于不起承重作用，所以比较细，直径可能还不到 10 厘米，这就是当地人所称的雄梁。

雄梁虽然是一根不承重的梁，但农村的"上梁"仪式，就是围绕这根房梁进行的，也是当地村民婚姻联姻的重要体现。在房屋盖成前，女性的父母家特意准备一根雄梁送来，寓意提高女儿在婆家的地位，更是对女儿殷切的祝福。我们从礼物的传播角度看，这根梁虽然很小，但所承载的内容却很丰富，既包含两个家族之间的联姻，也体现各自家族的社会地位，已经远远超出房梁本身的范畴，甚至包括礼物在社会中相互交换的协作关系。法国著名人类学家马赛尔·莫斯（Marcel Mauss）在1925年的经典著作《礼物》中提出，礼物不仅仅是物质层面的交换，更是建立和维持社会关系的重要手段。马林洛夫斯基（Malinowski）和萨林斯（Sahlirs）提出建立在互惠基础上的回馈礼物行动，保持了在互惠待遇条件下的平衡链条，萨林斯进一步阐述了互惠的普遍性和交流之中的可计算性。国内也有学者认为，中国礼物经济固有特性是使用价值的交换，友情、亲情、同学情等为关系实践提供基础或潜力。

当然关于雄梁还有很多说法，比如，当地人在选择雄梁的时候，首先是确定选材方位，然后顺着方向去找，找到之后，运用"偷娶换柱"的习俗，晚上请自家亲戚，把房梁"偷"回来，此时，树木的主人也很高兴，是欢喜之事，大家都是图个吉祥。另外，还有这样的说法，从山上取回梁，一定由两个人抬回来，要是一个人扛梁就不好。回家之后房梁要悬置高阁，不要让人随便碰，如果被别人坐一下或用作晒衣服，都是不吉利的事情。梁上题字还有要求，题字顺序为"财""吉""礼""仪""亥""口""本"。这些字可以循环出现，但是要从"财"字开头，以"本"字收尾。[1]

3. 骑楼结构

麻城传统民居的骑楼结构和广东等沿海地区的骑楼建筑是完全不一样的建筑，广东等地的骑楼建筑是西式建筑，这个名词主讲建筑的样式，而麻城的骑楼结构是一种建筑结构，是前廊和内天井样式的房梁结构，从表面看类似减柱法，建筑内天井廊或外廊，都没有柱子，其承重结构是在墙上横出一两根房梁，承担整个房廊重量，这样的设计能保证整个廊道都很畅通，室内的廊，也就是天井院部分，交通十分方便，这一空间还可储藏物品，室外的廊，夏天成为纳凉和人员交流的最佳位置。为了保证整个结构的稳固，骑楼结构用三种途径来实施：一是整个廊的宽度不大，一般在1米以内，上面有2根横条承重，尽力缩小承重面积；二是承重梁有两根，都砌在墙内，与内隔墙完美融合，形成工字造型，类似现代工字钢的承重结构，造型力学考量科学；三是从正面看，每个承重梁前部都有一根横梁，把这些结构连接成一个整体，使之更加稳固。典型的骑楼结构如木子店镇游家冲村骑楼结构大呈建筑和木子店镇龙门河村张家山廊屋（图2.5-4、图2.5-5）。

---

[1] 本段文字依据2019年9月17日，对方九鱼老人的采访。方九鱼老人时年83岁，学徒于1953年，1956年出师，此后从军，到朝鲜抗美援朝，主要是工程兵，进行铺桥修路，回国后在北京参加军事博物馆的建设，此后老人要求退伍返乡，从事木工工作，到78岁为止，是当地有名的木工，被尊为"博士"。其中口角中有两个字记不清楚了，还有一首取梁时的唱词，大概描述木材是栋梁之材，大约20句话，十分精彩，可惜记不全。

图 2.5-4　木子店镇游家冲村骑楼结构大屋建筑

图 2.5-5　木子店镇龙门河村张家山廊屋效果图

4. 朝楼结构

　　麻城的民居建筑普遍用朝楼结构，这个名称是当地的俗称，学名叫阁楼，但用阁楼却又缺少当地文化的味道。研究团队在调研中发现，麻城的民居建筑绝大多数都是朝楼建筑。一栋建筑除了堂屋以外，厨房、卧室都是朝楼结构，有一个楼梯上下，过去这样的空间也是卧室，很多当地老人说，他们小时候就在朝楼上睡觉，同时也是很好的储藏空间。这样

图 2.5-6　东冲民俗博物馆内的朝楼结构

设计的初衷有两个原因：一是结构稳固，保持墙体承重的平衡，形成一个密密麻麻的内部支撑；二是麻城的民居建筑很多墙只是正面或正面加两个侧面用青砖，其他墙体都是土砖，甚至全部墙体都是土砖修砌，并且墙体的高度达 6 米，这样的土砖墙容易变形，造成墙体不稳固，朝楼结构巧妙解决了建筑的稳固问题，增大了使用空间，是十分科学的建筑结构。如东冲民俗博物馆内的朝楼结构（图 2.5-6）。

2.6　麻城市传统村落建筑的构成元素

1. 地面

在民居建筑的研究中，一般不太注意对地面材料的研究，但在麻城的民居建筑中，地面材料也有比较丰富的人文科学知识，建筑中最常见的是生土地面，这样的地面在民居中分布也很广泛，房屋在建起之后，对地面进行平整，用木槌仔细夯筑 3 次，达到地面的平整要求，才算完工。这里还有一个民间说法，就是对地面进行平整的时候往往是石匠来施工，他们秉承祖辈的施工方法，民居建筑的场地都是西高东低，当地依照水往东流的习俗来平整地面，成为地面工程营造的范式，在实际考察中，由于东西高差只有微小的差距，所以不易被人发现。

三合土地面材料是大户有财力的人家才使用的，建筑的等级也比较高，是用石膏、砂子和泥土混合施工的一种地面，有老人说，材料进行混合搅拌时，加入猕猴桃藤的水，也有说加砒霜泡制的水，铺设地面之后，进行夯筑。作者在丫头山的大屋建筑中就看到这样的地面工艺，取样调研发现，三合土深度达 10 厘米，至今已超过 100 年，依旧紧实、耐用，上面的石膏都还能看清。堂屋是家庭里最重要的空间，还对地面进行了修饰，靠近墙角保留 50 厘米宽的飞边设计，用细绳按压修饰成方格纹，并用回纹修边。中间的大方格是一整块，呈 45°，斜拉划分成菱形，有铺设地板砖的感觉。丫头山大屋建筑室内如图 2.6-1 所示。丫头山大屋建筑的地面如图 2.6-2 所示。

2. 墙体

在麻城地区的民居建筑中，墙体地基的深度通常是 70 厘米，地基用 6 层片石堆砌，每层片石的高度为 12 厘米，地基下大上小，慢慢向上成梯形，到墙根的位置宽度控制在 30 厘米，再用长石条砌墙。在当地很多地方都是三层石条墙面，平原地带的百年民居建筑，

图 2.6-1　丫头山大屋建筑室内

图 2.6-2　丫头山大屋建筑的地面

应该叫石片，因为高度有 60 厘米，修饰得特别平整，连砌三层。高度达 180 厘米的窗口位置，山区多采用 30 厘米的方形石条，也是连砌三层，之后在上面采用青砖或土砖砌墙，这样整个墙面特别牢固。青条石墙基如图 2.6-3 所示。

墙面的檐口部分很能体现麻城民居建筑的特点，在走访的过程中了解到，麻城很多传统民居建筑的檐口都采用砖仿木的修饰方法（图 2.6-4）。即用青砖在建筑墙体的正面砌一排斗栱。深沟下面的一个湾组有一栋叫李裕炳故居的大屋式建筑群，其建筑规模宏大，建筑面积约 720 平方米，建筑有三重，内有天井，建筑外立面的檐口很有特色，层数达到九层，由砖塑造而成，由波浪纹、万字纹和斗栱等组合而成，当地一位 90 岁的老婆婆告诉调研人员，这样达到九层的正面檐口装饰形式，过去只有皇帝才能使用，寓意深沟要出皇帝的意思，建筑被赋予生动的传说。目前，该建筑已经被列为麻城市文物保护单位，准备修缮此栋超过 200 多年的青砖与土砖结合的建筑。

3. 门

麻城市传统村落民居建筑的大门门头都是槽门布局，分四种等级，首先是四柱牌楼式的大门，等级最高，用在祠堂和庙宇等地方；其次是正房双山墙内廊的大门，也叫敞亮大门，是具有一定经济实力的大户人家才用；接着是垂花式大门，如石桥垸传统建筑的大门，徐家寨徐家麟故居的大门是垂花式大门，为两柱式且不落地样式；最后是无装饰的槽门，一般民宅都用这种。特别指出的是牌楼式大门，类似是牌坊的结构，多数四柱三开间，用在高等级的祠堂和寺庙建筑之中，其他地方不用这样的大门，属于祭祀类建筑。五脑山帝主庙是鄂东现存的历史经典建筑，其一天门的门楼不仅是牌楼式，还结合

图 2.6-3　青石条墙基

图 2.6-4 砖仿木檐口造型建筑

"五凤楼"的界面布局方式，进一步增强了建筑的仪式感，已经到了建筑外观设计的最高等级。

在麻城传统民居的建筑中，从大门的外观上看，都是"凹"进1～2米，具有雨篷的功能，称为"槽门"，这样内收的设计方法，有时能更好地满足当地习俗，很多大门刻意偏转一个角度，使其朝向更远处的山坳，朝向特别讲究，被称为"歪门邪道"的设计方式，其实是当地习俗中的"望山"。麻城的先民特别重视自家大门的修造，他们认为大门的修建会带给家人福报，可谓"倾其所有"来营造大门，所以麻城市传统村落里随处可见精美的大门（图2.6-5）。大门普遍采用青石条修建门套，包括一个门楣、两个门墀头、两个门旁、两个门当（抱鼓石）和一个门槛石，加在一起共有八个构件，称之为"八件套"，还对很多青石构件进行了雕刻。

4. 窗户

麻城传统民居建筑中，依照不同建筑样式，存在各式各样的窗户，其中数量最多的是木窗户（图2.6-6），这样的窗户在麻城的山区和平原地带都有运用，相比较，麻城的山区村落这样的窗户要多一些，主要是山区的土砖生土建筑比较多，是朴素类型的民居建筑，造价小，就地取材。其次是青石窗户，运用整块青石板进行雕刻而成的窗户，在麻城各地都比较多，这样的窗户造价较高，只有青砖墙才可以用，如小漆园的石雕窗户（图 2.6-7）；接着是铁窗户，由四根青石条组合而成的青石窗户，窗挡是铁制的，经铁匠打造而成。最后是镂空而成的窗户，砌墙时预留圆形和长方形洞口，这样的窗户常见，保有量也比较大。

麻城本地的木窗户比较小，一般高 70 厘米，松木制作，窗户的横挡为圆形，有些还建有两扇小门，门用杉木制作，带有插销，向内开启，为了方便开

图 2.6-5　大门

启，还对墙体进行改造，这些窗户多在卧室和厨房等空间出现，"一颗印"式天井土砖建筑基本上用这种类型的窗户。青石窗户雕刻都比较精美，制作周期长，有圆形或方形的万字纹造型，也有梅花或寿字等纹样，样式多、类型丰富。民居建筑中常用长宽约 60 厘米的青

图 2.6-6　木窗户

图 2.6-7　小漆园的石雕窗户

图 2.6-8　夫子河绣楼铁窗户　　图 2.6-9　漏窗

石窗户，也有更大的，是在砌墙的过程中，把窗户直接砌在墙里，结构牢固，防御能力远超前面木窗户。铁窗户是青石窗框，铁窗挡，窗挡间隔 10 厘米，有平窗户的，也有类似现代防盗网状造型的。如夫子河镇付兴湾的绣楼就是铁窗户（图 2.6-8）。漏窗在麻城的传统村落里也比较多，青砖建筑的上层都有这样的设计，原因是麻城的传统民居中，多设计有阁楼，所以考虑阁楼的通风和采光需要，正面墙体上设计宽 25 厘米，高 50 厘米的漏窗，就是砌墙的时候留下的一个通风口，窗户的周边用白灰进行粉饰，宽度约 8 厘米，呈井字框造型，花屋建筑常使用这种窗户，绘制彩色卷云纹的图案，十分精致，如图 2.6-9 所示。另外在木子店还有几扇圆形窗户，有一圈约 10 厘米宽的回字纹窗边，对称出现在建筑外墙上，有点像"少林寺"山门建筑的感觉。

2.7　麻城市传统村落建筑的材料特点

麻城市传统村落的建筑材料多数是就地取材，一般都不会超过两公里，比如建筑里的地基材料，墙体和屋面材料都是在附近产生的材料，不管是山区还是畈区，建筑中用到的砖瓦都是以家庭为单位，经历很长的时间才能生产完成，有些人家准备时间长达三年。传统民居的建筑按照材料的种类分为土木结构的土砖房，砖木结构的青砖房，还有等级比较高的木架支撑的列架房等。当地一个普遍的现象是建筑的青砖和土砖交互使用，少有四面外墙都用青砖的现象，依据当地老人说法，"四檐青"的青砖房屋就是庙，所以一般在最高等级的庙宇、道观和文庙的建筑使用青砖，乡村里的祠堂全用青砖，民居建筑根据自身的财力来决定，有正面一面墙用青砖的，也有一前、两侧墙体用青砖的，其他的墙体都是用土砖，这样的营造原则包含麻城全境，甚至周边的红安县、罗田县和河南新县及安徽金寨县都是如此。石砌墙基如图 2.7-1 所示，土砖山墙如图 2.7-2 所示，泥土粉墙如图 2.7-3 所示，青砖墙如图 2.7-4 所示。

闵集镇依霞塆的董友诚老师傅有 22 年的烧窑经验，他说过去烧砖，基本上每个村子都有自己的窑口，一栋屋一个窑，最小的是馒头窑，还有马蹄窑，窑口种类不同。从砖的尺寸看，长度有一尺二寸（40 厘米）和一尺一寸（约 36.7 厘米）两种规格，宽度一般都是六寸（20 厘米），高度有四寸（13.3 厘米）和三寸（10 厘米）两种规格。从瓦的尺寸上看，长度是五寸二（17.3 厘米），厚度没有具体标准，但也有薄厚之分。1993 年版本的《麻城县志》里记载的规格有：大青砖（12 市尺×6 市尺×3 市尺），中型青砖（8 市尺×5 市尺×2.5市尺）；瓦分成盖瓦和沟瓦两种规格。盖瓦为 5 市尺×6 市尺，沟瓦为 12 市尺×8 市尺（1市尺≈33.33 厘米）。

图 2.7-1 石砌墙基

图 2.7-2 土砖山墙

图 2.7-3 泥土粉墙

图 2.7-4 青砖墙

石材是建筑里常用的材料，特别是传统民居建筑中的地基、柱子和门窗都大量用到当地出产的青石。同样在 1993 年版本的《麻城县志》里记载："县内山区和部分丘陵区有采石基地，个体或数人组合，以炸药采石，年可产块石 3 万余立方。"黄土岗镇桐枧冲的王师傅 81 岁了，仍在做驳岸的石匠活，他说，"我爷爷也是石匠，他在修建我们这个祠堂（王氏祠）的时候，地基有一个讲究，就是房屋地基不是标准平，都是东低西高，相差不多，有 10 厘米。"这是因为水是向东流的，建造房屋要按照这样的趋势来平整地面，但王氏祠前面的河流却是自东向西流，正好相反。

2.8 麻城市传统村落建筑的装饰特点

在麻城的民居建筑中，很多地方都进行了装饰，主要集中在建筑和建筑构件中，另外还有在室内的陈设和设施里。就建筑来讲，窗户的窗花、檐口的壁画、室内戏楼的挡板、过仙桥、栏杆扶手、柱础、斜撑和房梁等都有精美的装饰。室内的各种陈设，包括主体的家具，部分生产工具，比如在闻名遐迩的麻城蔡家山窑的各类陶器中，也进行了精美的装饰，各种娱乐用具，包括当地有名皮影戏团队，保留的上百件表演器具，都进行了艺术水准很高的装饰。

这些艺术装饰门类，鲜活地展示着麻城本地的装饰元素特色，其艺术表现的形式有壁画、木雕、石雕和灰塑等，如图 2.8-1～图 2.8-14 所示。在这些艺术表现形式中，总结出具有麻城地区特点的图案题材有《年年青季》《福禄寿》《鲤鱼跃龙门》三种。只在麻城民居建筑的门头出现，这是大门的核心位置，也是建筑中轴线的位置，可见其重要性。戏曲题材图案在麻城的建筑和器物上运用得也很广泛，常见的有《西湖借伞》《洛阳点炮》《文王访贤》《鸿门宴》《徐庶走马》等。村里很多老人至今还耳熟能详，特别喜欢这类戏曲题材的图案，在过去识字率不高的年代，这类图案起到很好的教育作用。还有一些寓意美好的题材，如《魁星点斗》《十八学士图》《一鹭莲升》《三娘教子》等，在壁画、石雕和陶器上都有发现，最后还有基础图案部分，比如很多的门旁、窗边和各种器物的底纹，用万字纹、菱形纹、回龙纹、缠枝纹和网格纹等进行装饰。

图 2.8-1 《年年青季》壁画

图 2.8-2 《竹林七贤》《轮船》壁画

图 2.8-3 《禄星》壁画

图 2.8-4 《王氏祠》壁画（20 世纪 80 年代）

图 2.8-5 《鸿门宴》壁画

图 2.8-6 《鲤鱼跃龙门》壁画

图 2.8-7 《洛阳点炮》壁画

图 2.8-8 《文王访贤》壁画

图 2.8-9 《西湖借伞》壁画

图 2.8-10 《徐庶走马》壁画

图 2.8-11 《麒麟》石雕抱鼓石

图 2.8-12　门前垸民居石雕（新中国成立后雕刻）

图 2.8-13　熊家垸村李家冲戏楼木雕

图 2.8-14　付兴湾民居建《寿桃》垂花木雕

第 3 章

麻城市传统村落

个例简述

3.1　夫子河镇付兴湾村

　　付兴湾传统村落距离夫子河镇区约 2 公里，现保有完整清代建筑三处，均是天井院转马楼样式建筑，付兴湾还残存一条集市．邻近沙河，交通方便，曾经是麻城南部重要的商业集市，但如今商业集市景观已全面改观，村里其他建筑基本是现代楼房和一些早期平房，传统村落的风貌不明显，昔日辉煌不再。

　　建筑的修缮工作，主要是对绣楼建筑进行修缮，面积约 480 平方米，建筑坐北朝南，其中一层面积 367 平方米，二层面积包括楼梯与过道共 113 平方米。主体建筑为两重院落组成，前面是楼房，属于绣楼建筑的核心部分，中间为长方形的天井院落，后面分布有大厅和两间厢房，整个建筑是麻城民居花屋式建筑，建筑墙体是青砖墙体，内向型建筑布局，其中窗户和楼梯扶手都很有特点，为了安全考虑，窗外用铁横挡围挡，四周是宽 12 厘米的青石条，锈迹斑斑的透出浓浓的沧桑感，而内部扶手都是西式造型，栏杆是圆形，类似现代车削加工工艺。绣楼建筑外观、内室、木窗如图 3.1-1 ～图 3.1-3 所示。

图 3.1-1　付兴湾绣楼建筑外观

　　绣楼建筑的前面有一个花园（图 3.1-4），面积有 146 平方米，原本还有造型丰富、样式多样的花台，现在正在复原中，为青石所造，花台造型包括灯柱造型，四边形、六边形和长条形等各种造型，每个造型都不一样，精巧别致，花台上放置各类造型的陶盆和陶缸，其中一个陶盆上塑有白菜和花鸟，构图完整，线条流畅自然，可见工匠师傅技艺高超。花园里还保留有一棵古桂花树，直径达 50 厘米，并分叉成三棵，目前还没有断代，应该有几百年的历史，为花园增添了一番古意。

　　从整个建筑装饰特点来看，为典型的清代末期建筑，装饰的构成元素包括窗头、门头、楼梯的扶手栏杆和建筑外檐口部分的壁画。绣楼建筑的大厅门头，是木结构的万字纹木制门头，被漆成大红色，建造之初，考虑大厅的采光问题，所以这些文案被设计得特别疏松，间距达 10 厘米以上，有的甚至有 20 厘米，十分特别，这一造型在麻城仅有一处。楼梯扶手从设计上看，略有西式味道，整个建筑是中西风格结合的建筑，也正是这一悄然的变化，使后来麻城建筑有了更多的西化内容。付兴湾绣楼建筑也是麻城地区的花屋建筑，整个建筑的檐口部分都还保留着壁画，多数已经斑驳不清。只在建筑的前部，还有三幅夔龙纹黑线壁画较完整。

　　本次建筑测绘，对建筑元素和结构进行详细绘制，充分展现出付兴湾绣楼建筑的原貌，摸清建筑保存状况，通过绘制图纸来展现建筑的特点，为后期修缮工作提供必要的基础数据。绣楼建筑测绘图如图 3.1-5 所示。

图 3.1-2 付兴湾绣楼建筑内室

图 3.1-3　绣楼建筑木窗

图 3.1-4　付家花园

图 3.1-5 绣楼建筑测绘图

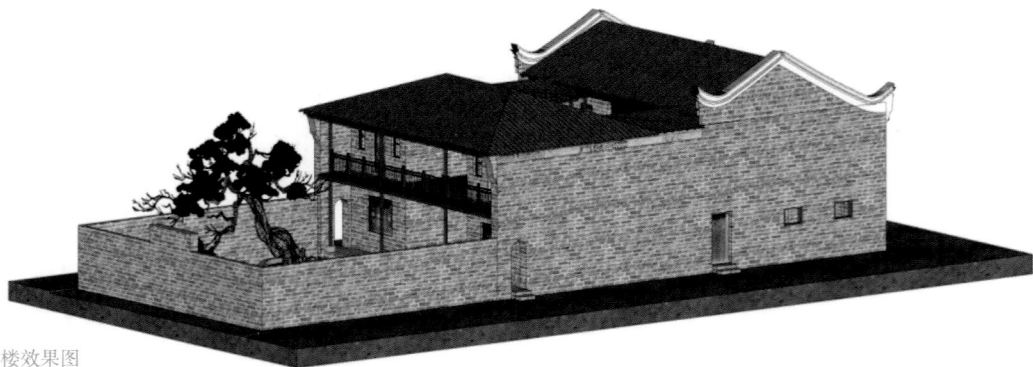

(a)绣楼效果图

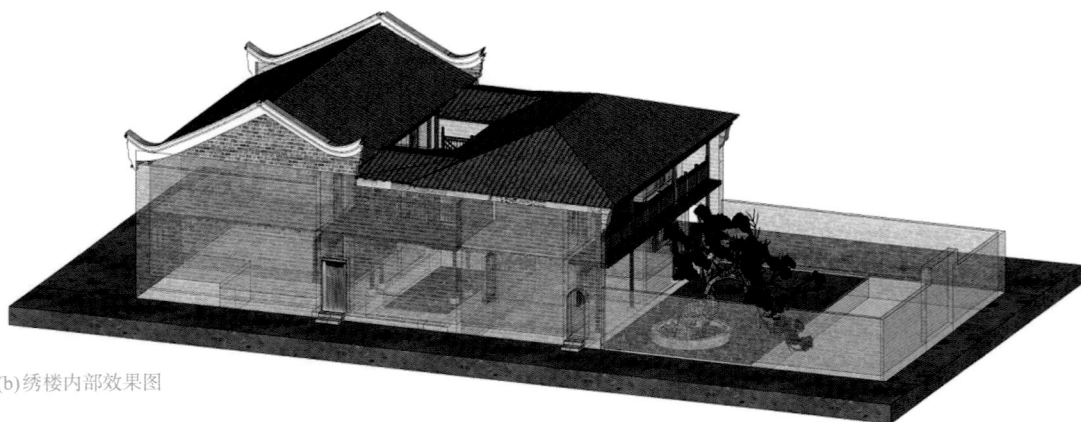

(b)绣楼内部效果图

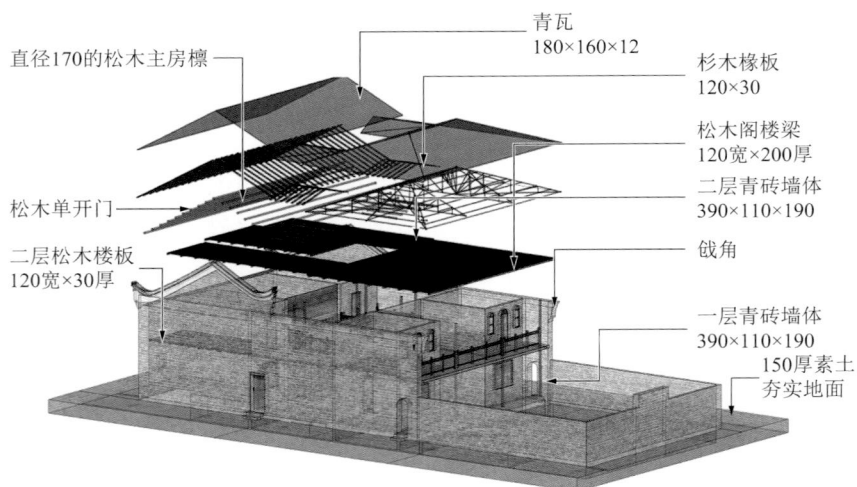

青瓦
180×160×12

杉木椽板
120×30

直径170的松木主房檩

松木阁楼梁
120宽×200厚

二层青砖墙体
390×110×190

松木单开门

二层松木楼板
120宽×30厚

戗角

一层青砖墙体
390×110×190

150厚素土
夯实地面

(c)绣楼结构图

桂花古树

青石台阶　350宽
壁画檐口

青瓦
180×160×12

松木单开门

戗角

150厚素土
夯实地面

8.850
7.700
5.900

2.500

±0.000

2600
2570
3410
8580

1400　11400　603C　5700　7150　4050
12800　1173C　11200
3573C

绣楼右立面图

8.850
7.700
5.900

2.500

±0.000

戗角

青石台阶

松木单开门

青瓦
180×160×12

桂花古树

150厚素土
夯实地面

2600
2570
3410
8580

4050　7150　570C　6030　11400　1400
11200　11730　12800
35730

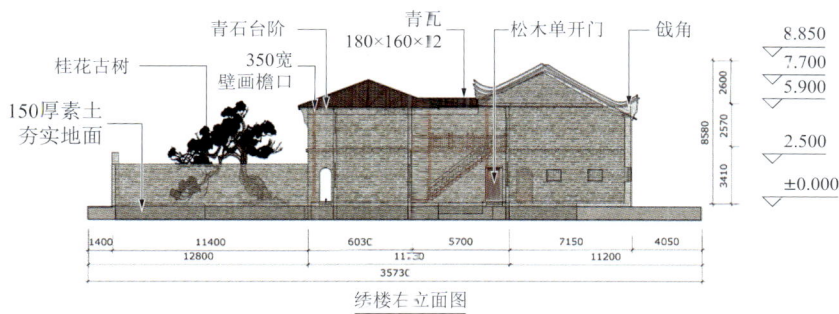

绣楼左立面图

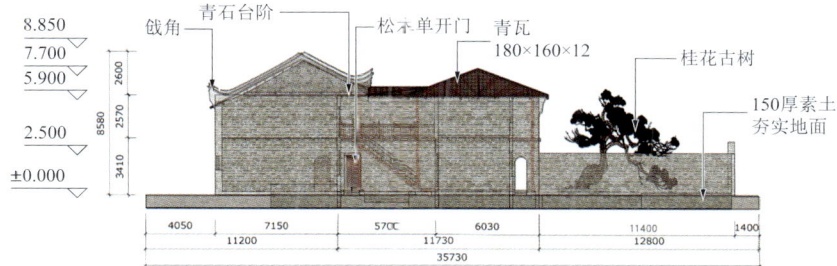

(d)绣楼左右立面图

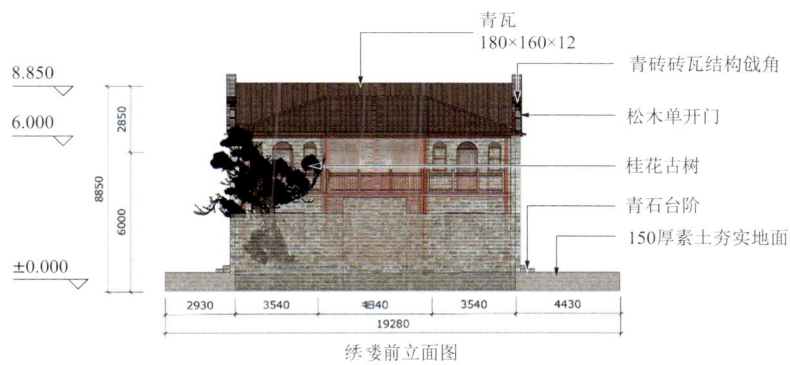

青瓦
180×160×12

青砖砖瓦结构戗角

松木单开门

桂花古树

青石台阶

150厚素土夯实地面

8.850

6.000

±0.000

2850
8850
6000

2930　3540　4840　3540　4430
19280

绣娄前立面图

青瓦
180×160×12

青砖砖瓦结构戗角

松木单开门

青石台阶

150厚素土夯实地面

8.850

6.000

±0.000

2850
8850
6000

4430　3540　4840　3540　2930
19280

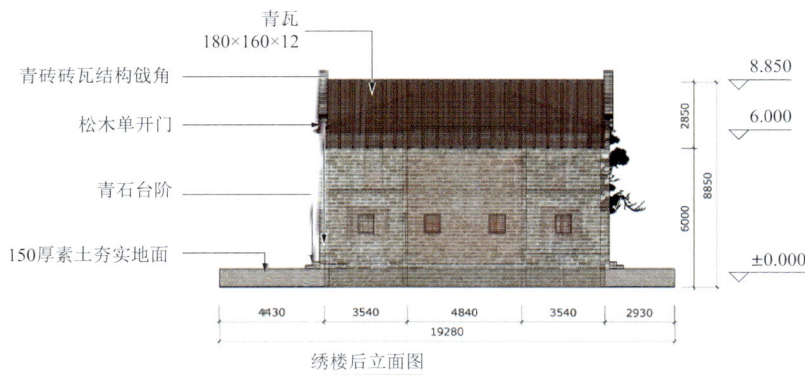

绣楼后立面图

(e)绣楼前后立面图

N

3 侧门   侧门   青砖墙体400×130×200

| 厢房 | 0.100 | 楼梯间 | 厢房 | 青砖墙体400×130×200 |

厢房　0.100　楼梯间　厢房

天井内院
−0.700

堂屋　±0.000
保留青砖地面200×200×30

素土夯实地面

厅屋
−0.080

廊道

−0.340

花园
−0.210

桂花树池

厢房　0.100

内回廊

厢房

侧门   侧门

3   2

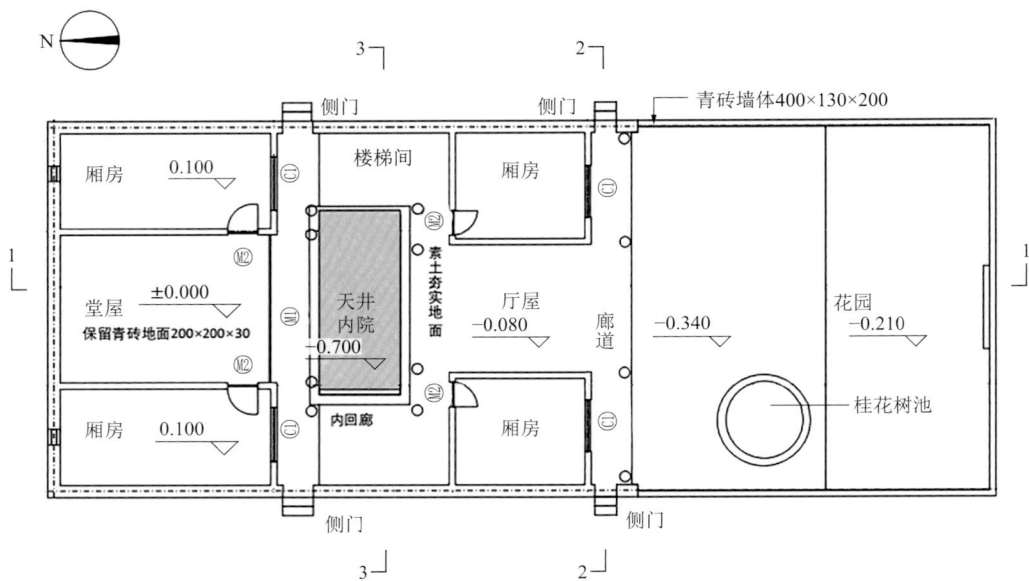

(f)绣楼一层平面示意图

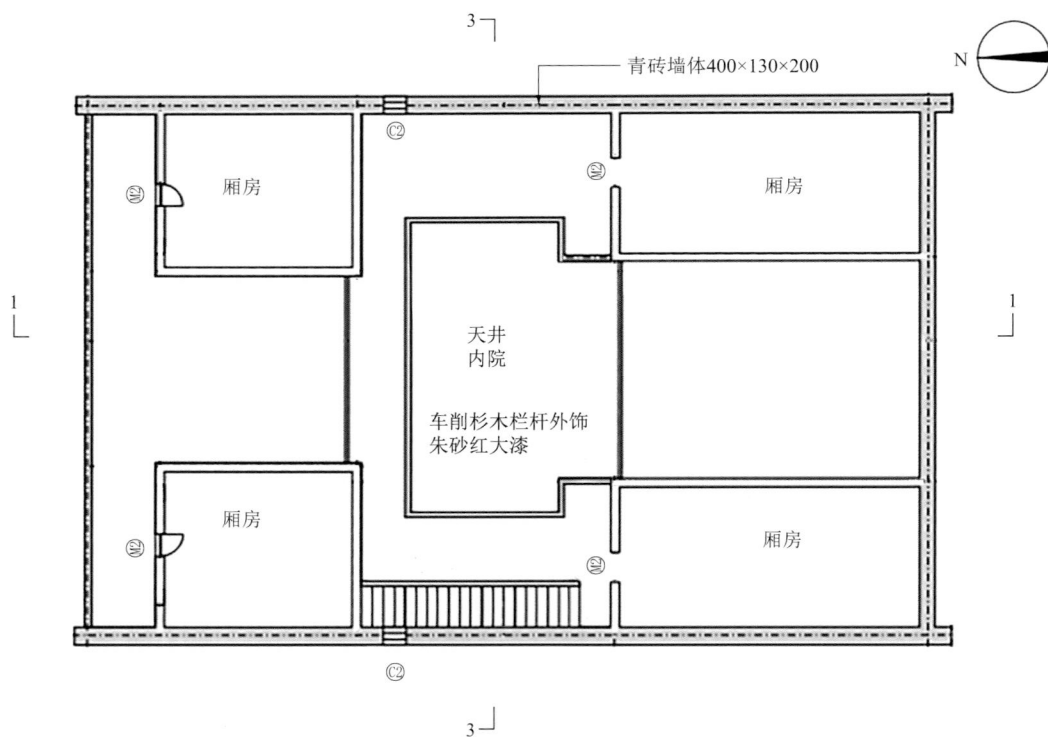

3   青砖墙体400×130×200   N

C2

| 厢房 | | 厢房 |

M2

天井内院

车削杉木栏杆外饰
朱砂红大漆

厢房

厢房

厢房

C2

3

(g)绣楼二层平面示意图

二层青砖墙体
390×110×190

青瓦
180×160×12

二层松木楼板
120宽×30厚

桂花古树

一层青砖墙体
390×110×190

50厚素土夯实地面

戗角

12800　　11730　　11200
35730

2600
2570
3410
8580

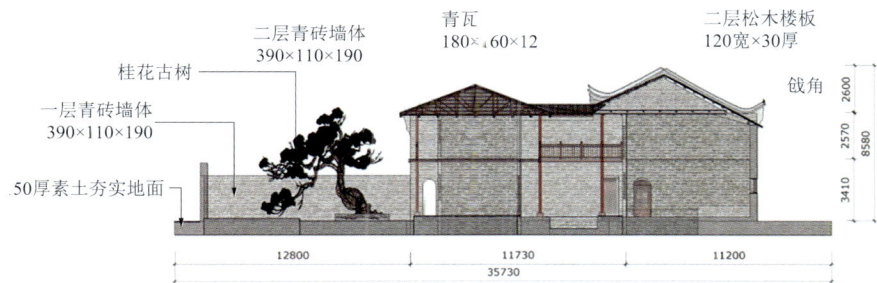

绣楼1-1剖面图

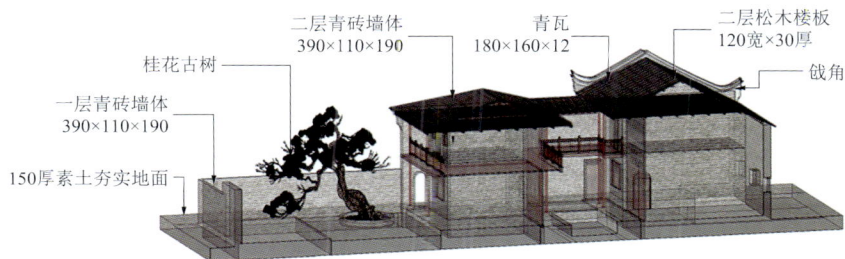

二层青砖墙体
390×110×190

青瓦
180×160×12

二层松木楼板
120宽×30厚

桂花古树

一层青砖墙体
390×110×190

150厚素土夯实地面

戗角

绣楼1-1剖面透视图

(h)绣楼剖面图（一）

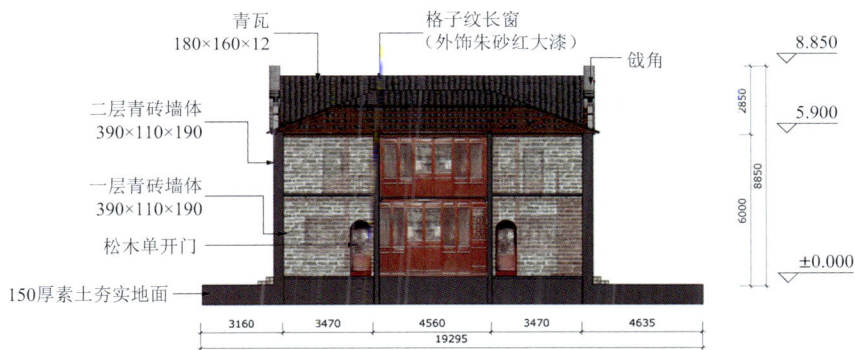

青瓦
180×160×12

格子纹长窗
（外饰朱砂红大漆）

戗角

二层青砖墙体
390×110×190

一层青砖墙体
390×110×190

松木单开门

150厚素土夯实地面

3160　3470　4560　3470　4635
19295

8.850
2850
5.900
6000
8850
±0.000

绣楼2-2剖面图

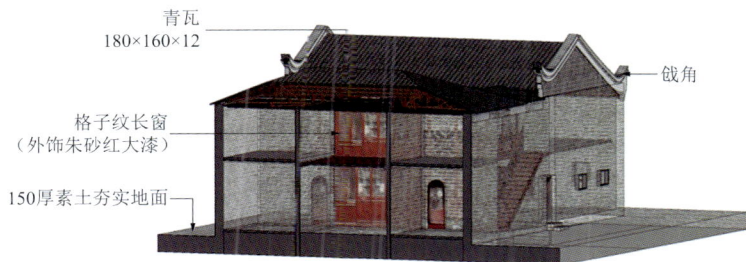

青瓦
180×160×12

戗角

格子纹长窗
（外饰朱砂红大漆）

150厚素土夯实地面

绣楼2-2剖面透视图

(i)绣楼剖面图（二）

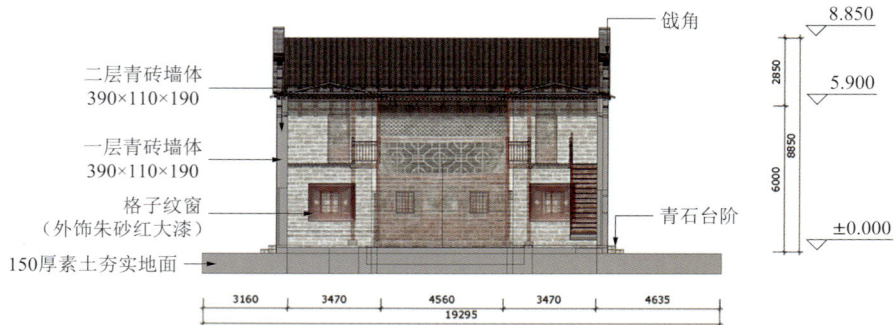

钺角

二层青砖墙体
390×110×190

一层青砖墙体
390×110×190

格子纹窗
（外饰朱砂红大漆）

青石台阶

150厚素土夯实地面

8.850

2850

5.900

6000 8850

±0.000

3160　3470　4560　3470　4635

19295

绣楼3-3剖面图

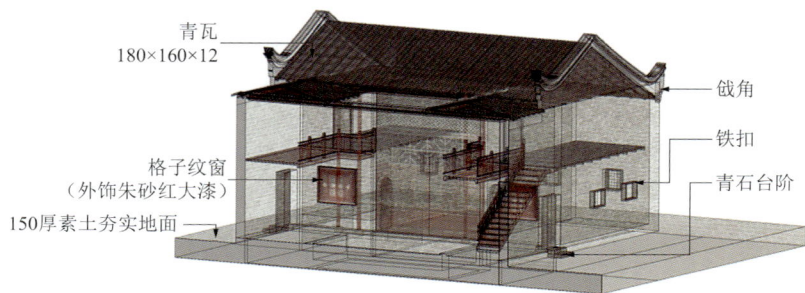

青瓦
180×160×12

格子纹窗
（外饰朱砂红大漆）

150厚素土夯实地面

钺角

铁扣

青石台阶

绣楼3-3剖面透视图

(j)绣楼剖面图（三）

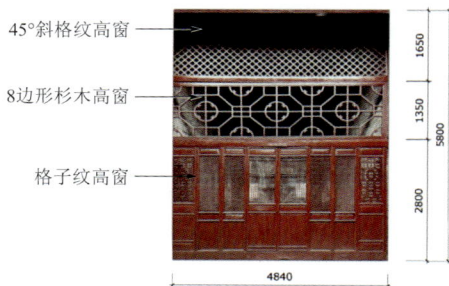

45°斜格纹高窗

8边形杉木高窗

格子纹高窗

1650

1350

5800

2800

4840

C1窗立面图　1：40

1450

1750

C1窗立面图　1：20

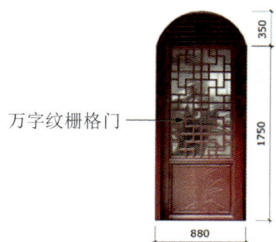

万字纹栅格门

350

1750

880

C2窗立面图　1：20

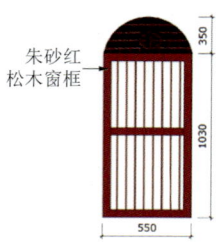

朱砂红
松木窗框

350

1030

550

C2窗立面图　1：15

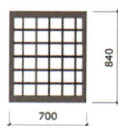

840

700

C3窗立面图　1：15

(k)绣楼窗户立面图

3.2　夫子河镇刘家大塆村

刘家大塆也叫刘角林，村落位于夫子镇区东部 17 公里，距离其村部约 4 公里，进村的最后 1.5 公里是混凝土单行马路，交通不便，所以很多村民都搬迁到山下居住，麻城的传统村落总计有 21 个，其中 15 个都是在山区，多数都分布在大山深处，刘角林就是典型山区传统村落（图 3.2-1）。

刘角林传统村落（图 3.2-2）共保留有 105 栋建筑，建筑分布在一片山坡上，一字长条状排开，东西长 490 多米，核心地区宽 160 米，其他地方宽窄不一，靠近西北角宽 35 米，之后慢慢变窄。周边山林茂密，崇山峻岭。距离村庄东北 2 公里处，有人文景点唐王洞，传说当年李世民被人追逐，在此避难，周边还有近世庵和葫芦庙等遗迹。除了刘角林是传统村落外，周边的龙头塆、杨树沟、易家山和程家山都是传统风貌村落，这一带可集中对传统村落的资源进行大开发。

由于地形地貌原因，建筑分布在高差较大的坡地上，形成层层叠叠的建筑布局达到 10 层楼高，村落的其他组成元素包括：梯田、河流、山体和道路，与蓝天白云一起形成麻城乡村田园美丽画卷。刘角林传统村落的建筑分为两大类，其中最有特色的是"一颗印"式花屋建筑，这也是整个鄂东地区少有的在"一颗印"式建筑的正面墙体上采用青砖，而檐口部分还绘制精美壁画的建筑。刘角林还有一栋"一颗印"式建筑，据说是依照这栋花屋建筑翻版而建，而且建筑时间也很接近，但因户主家没有钱，所以没修成花屋。除了这两栋"一颗印"式建筑以外，其他建筑都是普通两坡顶建筑，建筑有以下特点：一是建筑都比较高大，涵盖了新中国成立后的建筑，布局大多三开间、四开间，少数五开间；二是建筑的大门是槽门结构，从大门样式看，采用了麻城民居建筑中标准的样式，即内收的槽门；三是窗户比较小，一般高 70 厘米，松木制作，窗户的横挡多为圆形，有些还建有两扇小门。

刘角林"一颗印"式的花屋建筑，外部建筑的正面檐口绘制精美的建筑壁画，题材多是《八仙过海》，然而此处绘制了一个圆滚滚的《大阿福》，配合《大阿福》的题材，还绘制了四条鱼，其中两条鲇鱼，一条青鱼，一条鲫鱼，题意《年年青季》，预示农业丰收。在麻城地区《年年青季》和《八仙过海》的题材出现的概率高达 70%。刘角林"一颗印"式花屋建筑的壁画量在檐口部分有两排，保存得很完整，除上面提到的题材，还有《魁星点斗》《相夫教子》《鸿门宴》《汾阳世家》《徐庶走马》等，如图 3.2-3 所示，人物鲜活，色彩艳丽，是麻城民居建筑中壁画保存完整的一处。在建筑室内调研中发现，客厅也有一些壁

图 3.2-1　刘角林传统村落

图 3.2-2　刘角林传统村落外景

图 3.2-3　壁画

画，画风是 20 世纪 80 年代的产物，正面墙的中间绘制中堂和两幅字，两侧的墙面绘制人物和山水题材的条幅画四块，颜色集中用白、黑、蓝、红和黄，有一种紫红色的画面感，据户主说是由老油漆工绘制，绘画水平相比户外檐口壁画差了些，但比当下很多乡村墙绘又强很多，是精心绘制，展现出麻城当地乡村画师的艺术"拙"气。

3.3   木子店镇刘家湾村

木子店镇刘家湾村（图 3.3-1、图 3.3-2）的张家山，也叫张家中塆，作为大别山腹地的传统村落，该村距离木子店镇约 7 公里，保留有传统民居 32 栋，整个村落建筑的传统建筑风貌保持良好，没有一栋现代楼房，海拔约 500 米，是大山深处的一个传统村落。周边环境优美，植被浓密茂盛。黄墙灰瓦辉映着参天古树，加上梯田、旱地、溪流、廊桥、古道和森林，一片祥和美景。这里分别与河南和安徽接壤，古来就是鄂皖往来的重要官道，因此民居建筑风貌吸收了三地的特色，结合自身地形特点，成就了典型、朴素、简约的大别山山地类建筑。

从村落主体建筑可以看出古代家族的血缘观念，由村外一个祠堂和村内三个香火堂所组成，三个香火堂分布在"公屋""香堂"和"秀才房"三处，这三处建筑物代表了张家山建筑群的特点，其他建筑都是传统民居建筑，张家湾传统村落的建筑主要是这两种类型组成。其中"公屋"面积最大，约 837.8 平方米，最前面一栋是 2 层楼房，建筑物结合山地地形而建，是大别山地区典型的山地类建筑，建筑设计精巧，充分利用了地形特点，运用地貌的高差解决了建筑楼层问题，建筑为内向结构，外部开门和窗户都很小，有碉楼防御特点，如图 3.3-3 所示。

图 3.3-1   刘家湾村航拍

图 3.3-2　刘家湾村外景

图 3.3-3　碉楼建筑

因此，正面设计很小的开门，只有 90 厘米宽，把大门开在向东，面向村子核心方向的旁侧位置，可见其建筑布局是经过深思熟虑推敲而成的，这样的建筑布局方式，在大别山其他地区也能见到。考虑"公屋"建筑的碉楼特点，在材料使用上正面和左右两侧都是青砖墙体，其他墙体都是土砖墙，墙基是大青石或鹅卵石，坚固耐用，是建筑得以保存的保障。整个"公屋"是张姓大房的房屋，后面还有三重，其中第二重还保留，靠近东部的顶头一间，本次调研将其纳入研究对象，其他建筑基本毁坏或改建，建筑的中轴线还能看到，但有杂乱无章之感。

除了核心建筑外，张家山传统村落的建筑就是民居建筑，本次测绘选取的另外一种建筑类型为山区廊屋建筑，张家山的这栋廊屋建筑在村子的核心位置，类似"厢房"的位置，处于村子二房香火堂的大门西侧，建筑面积有 87 平方米，因其区位的原因，每个开间都很窄，只有 3.2 米宽，并且进深只有 6 米。前面有通透的长沿廊，这样的设计不仅能避雨，还是很好的休息位置，成为村民相互交流的公共空间，也可作为储物空间，是放置柴火的最佳位置，廊屋建筑的结构也很有特点，即便是山区，也能看出木材的稀缺性，所以以建房的房梁都比较小，采用直径 80 厘米以内的小树营造，房屋的建筑房梁采用塔式结构，运用两层木梁共同承重，很好地解决了承重问题，碉楼测绘图如图 3.3-4 所示。

图 3.3-4　碉楼测绘图

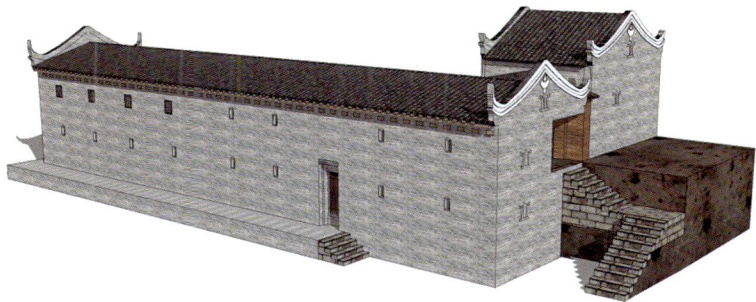

(a)碉楼效果图

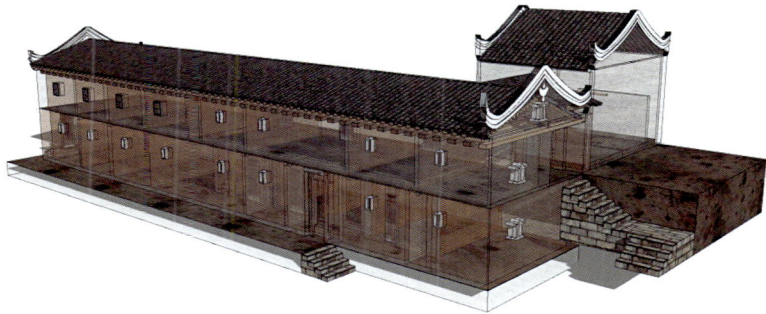

(b)碉楼透视效果图

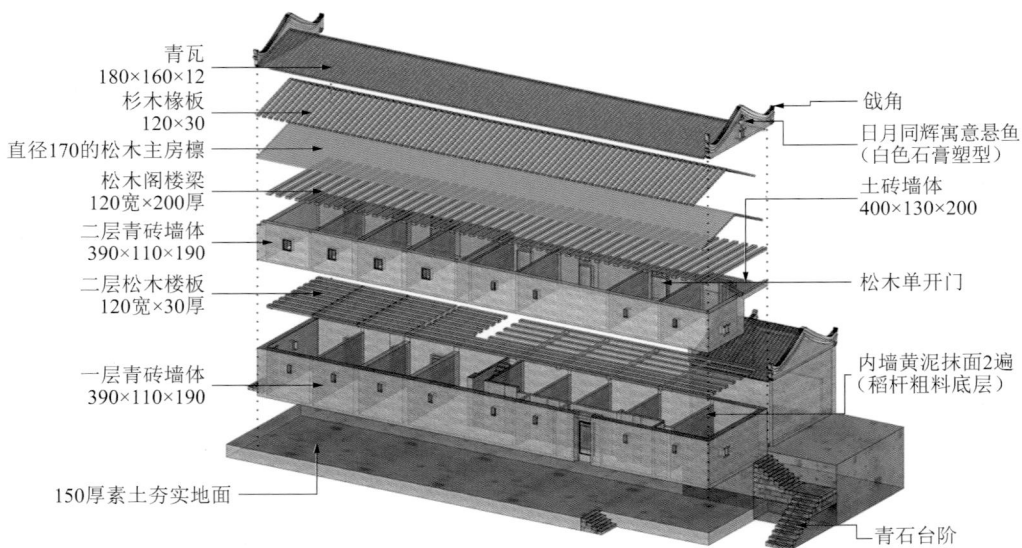

青瓦
180×160×12

杉木椽板
120×30

直径170的松木主房檩

松木阁楼梁
120宽×200厚

二层青砖墙体
390×110×190

二层松木楼板
120宽×30厚

一层青砖墙体
390×110×190

150厚素土夯实地面

戗角

日月同辉寓意悬鱼
（白色石膏塑型）

土砖墙体
400×130×200

松木单开门

内墙黄泥抹面2遍
（稻杆粗料底层）

青石台阶

(c) 碉楼结构图

二层青砖墙体
390×110×190

青瓦
180×160×12

日月同辉寓意悬鱼
（白色石膏塑型）

戗角

土砖墙体
400×130×200

松木单开门

150厚素土夯实地面

青石台阶

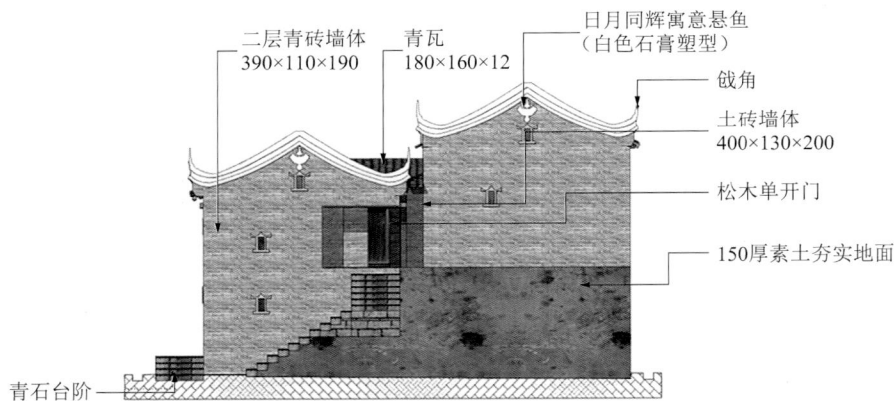

碉楼右立面示意图

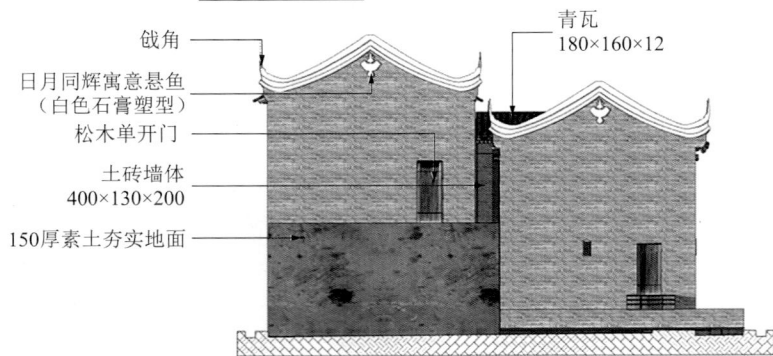

戗角

日月同辉寓意悬鱼
（白色石膏塑型）

松木单开门

土砖墙体
400×130×200

150厚素土夯实地面

青瓦
180×160×12

碉楼左立面示意图

(d) 碉楼左右立面示意图

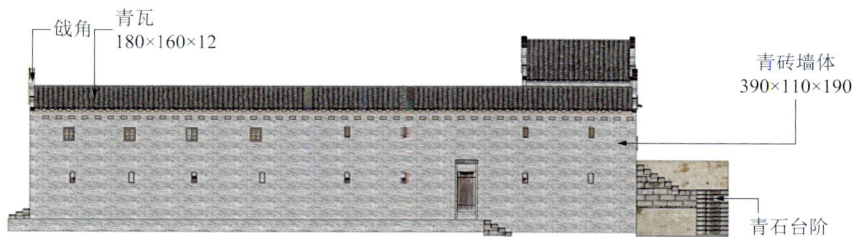

碉楼右前立面示意图

青瓦
180×160×12

钺角

青砖墙体
390×110×190

青石台阶

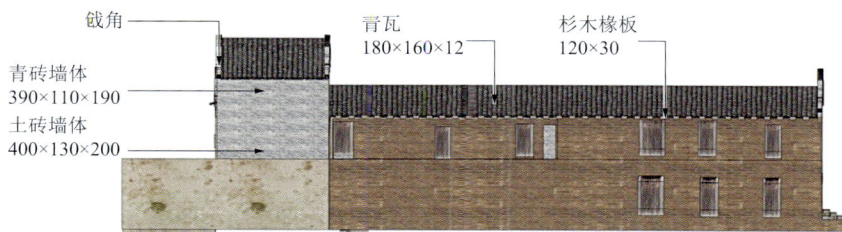

碉楼后立面示意图

钺角

青砖墙体
390×110×190

土砖墙体
400×130×200

青瓦
180×160×12

杉木橼板
120×30

(e) 碉楼前后立面示意图

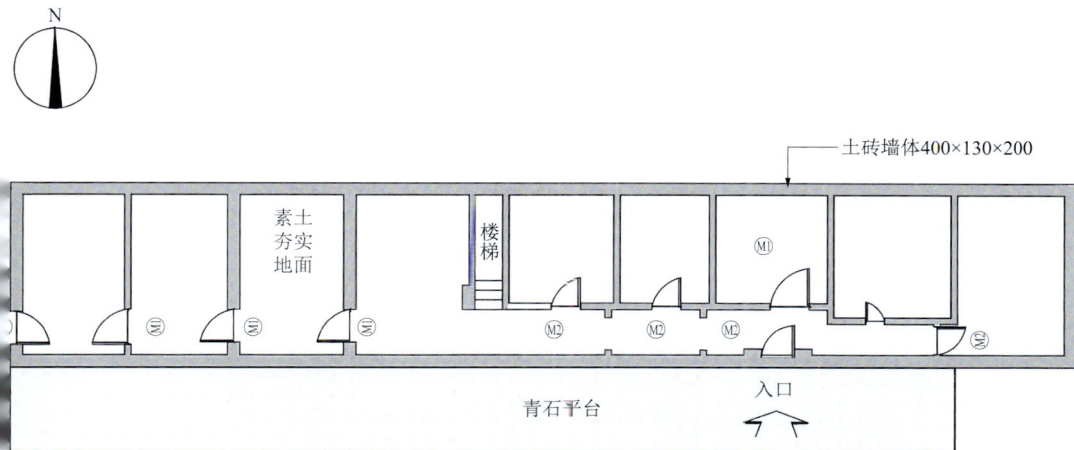

N

土砖墙体400×130×200

素土夯实地面

楼梯

M1

M2

M2

M2

M2

青石平台

入口

(f) 碉楼一层平面示意图

N

土砖墙体400×130×200

松木楼板地面

M2 M2 M1

M2 M1 M1

M3

主入口

C1 C1 C1 C1 C1 C1 C1 C1

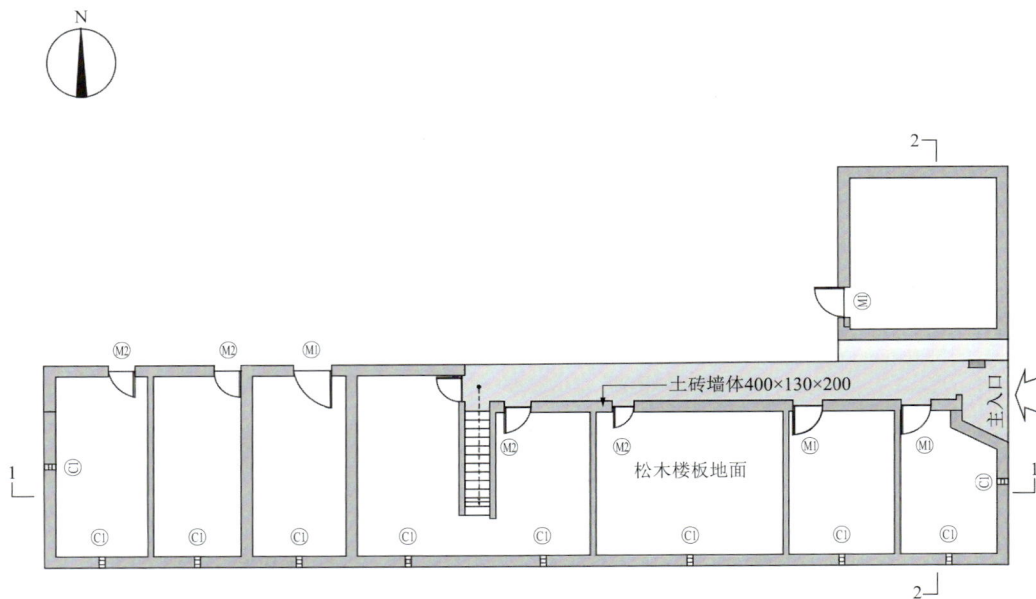

(g)碉楼二层平面示意图

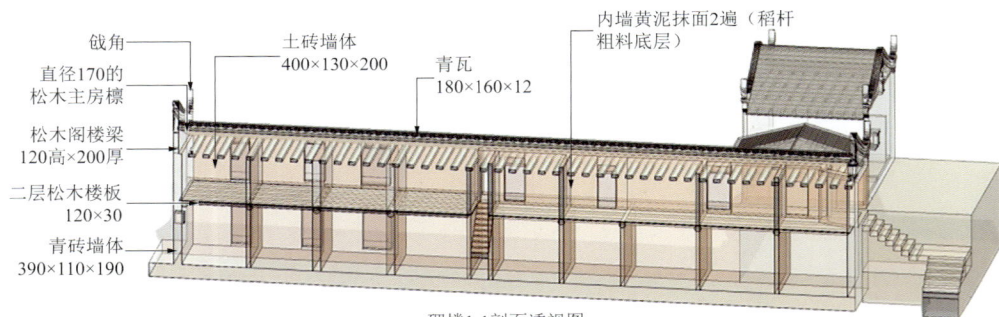

戗角

直径170的松木主房檩

松木阁楼梁120高×200厚

二层松木楼板120×30

青砖墙体390×110×190

土砖墙体400×130×200

青瓦180×160×12

内墙黄泥抹面2遍（稻杆粗料底层）

碉楼1-1剖面透视图

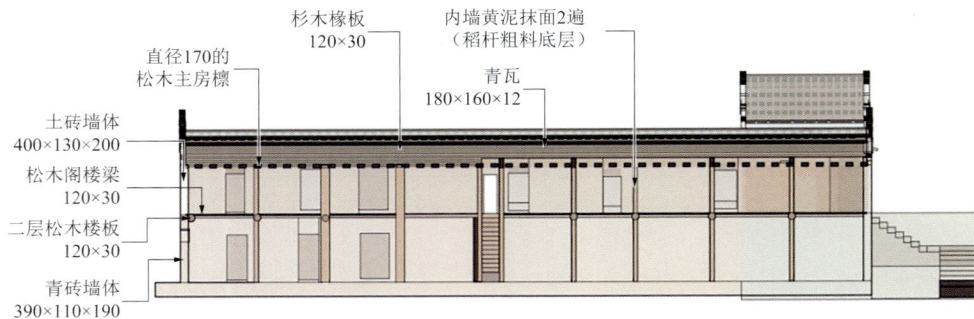

杉木椽板120×30

内墙黄泥抹面2遍（稻杆粗料底层）

直径170的松木主房檩

青瓦180×160×12

土砖墙体400×130×200

松木阁楼梁120×30

二层松木楼板120×30

青砖墙体390×110×190

碉楼1-1剖面示意图

(h)碉楼剖面示意图（一）

松木阁楼梁
120高×200厚

杉木椽板
120×30

土砖墙体
400×130×200

青瓦
180×160×12

青砖墙体
390×110×190

直径170的
松木主房檩

戗角

内墙黄泥抹面2遍
（稻杆粗料底层）

碉楼2-2剖面透视图

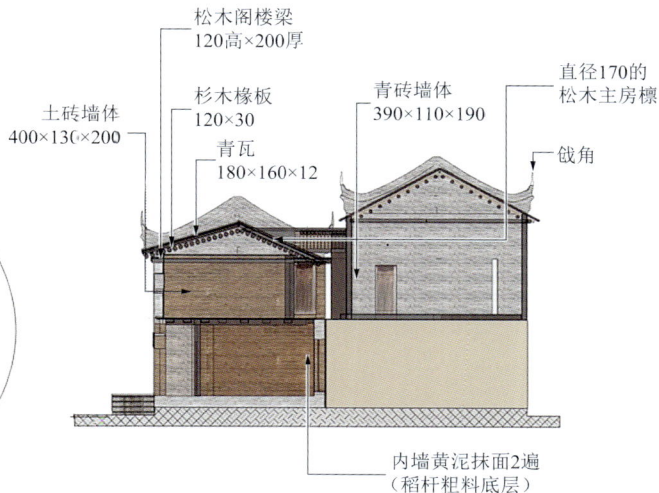

碉楼2-2剖面示意图

(i)碉楼剖面示意图（二）

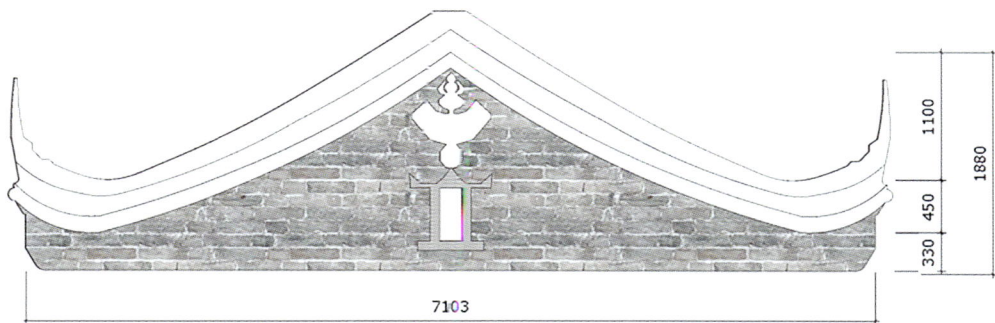

1100

1880

450

330

7103

山墙立面图 ∷:20

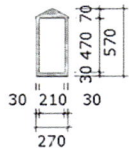

C2窗立面图 1∶20

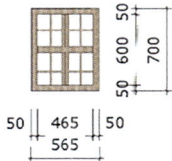

30 470 70
570
30 210 30
270

C1窗立面图 1∶20

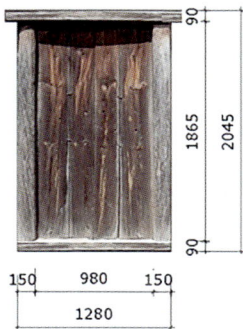

50
600 700
50
50 465 50
565

M2门立面图 1∶20

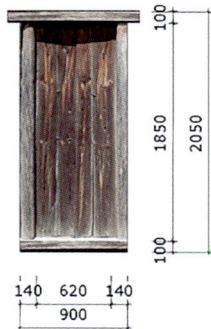

90
2045 1865
90
150 980 150
1280

M1门立面图 1∶20

100
2050 1850
100
140 620 140
900

(j)碉楼附件立面图（三）

3.4 木子店镇龙门河村

龙门河村将深沟（图 3.4-1，图 3.4-2）作为传统村落申报对象，该村距离木子店镇 9.5 公里，从村庄的名称就可以看出，建筑位于崇山峻岭之中，村前的河流清澈，雨天水势很大，落差达 3 米，水声响彻山谷。村前有一片田地，只能种植旱季作物，由于地形地貌原因，每块田地之间的落差也大，田埂上还有几块裸露大石，形成独特的田野风光。村子的东部有 8 棵古青冈栎树（图 3.4-3），树龄 260 年以上，直径都超过 1 米，陡坡一字排开，根据村民介绍，说是李姓大户当初选择在这里植树，此人是读书人，温文儒雅，德高望重，家里人丁兴旺，儿子大婚后每诞下一子，为表喜庆，都会种一棵青冈栎树，总计 8 棵，现已形成一片树林。村子的后山上也有一片古树林，还有几块 50 吨以上的巨大石块，随时可能滑落，对整个村庄的安全构成巨大威胁，在第一次传统村落修缮施工中，对其进行了加固，解决了滑坡的问题，保护了村庄和古树林。整个村子周边树龄在 150 年以上的古青冈栎树有 268 棵，如此规模的

图 3.4-1　深沟夏景

古青冈栎树群落，成为深沟传统村落一道独特的风景线。

深沟传统村落目前还保留民居建筑有 30 余栋，其中核心区域保留 2 栋清代建筑，从建筑造型来看，是典型的青砖墙体戗角山墙样式的民居建筑，这栋建筑的山墙前后都有戗角，有点类似山字形，是湖北民居中最常见的样式。其他的建筑是普通两坡顶建筑，建筑材料很多也是

图 3.4-3 古青冈栎树

青砖墙青瓦顶，从墙体的白色砖缝可以看出是旧砖新砌，这里的砖缝极不平整，主要是民国时期的青砖建筑，砌砖的黏合剂是白灰、木炭和猕猴桃藤水，也有说是用砒霜熬水进行混合搅拌，具体配合比在当地还未印证，因此，通过墙体缝隙的平整性就能分辨建筑建造的年代。

从深沟的建筑布局方式，也能看出建筑的一些特征，村落的东西长度达 229 米，宽度只有 30 米，建筑基本是一字排开样式，从村前一条主路贯穿而过，这是山势陡峭造成的，没有多少地来修建房屋，其陡坡坡度达 35°，使得建筑的进深都比较浅，有不少建筑的进深只有 6 米，建筑高度和其他地方又是一样，所以从建筑的侧面看，高度和宽度的比例很不寻常，这也成为该村建筑特点之一。

3.5 歧亭镇丫头山村

歧亭镇丫头山村（图 3.5-1）有传统民居建筑 56 栋，村落距离歧亭镇 3.5 公里，村落坐西朝东，清代到民国的古建筑有 10 栋。其中有一栋五重大屋建筑，还有一栋两重大屋建筑，都很壮观，另外还有数量可观的单栋花屋建筑，这也是很有地方特色的一类建筑。丫头山村核心区建筑群的主体是龚氏大屋建筑，也就是麻城地区历史上大家族主要采用的家族群居样式建筑，本次测绘的丫头山村核心区的龚氏大屋建筑面积为 296 平方米（不包括已经毁坏的一重和没有测绘的一重），整个建筑应该分为两个部分，其中前面靠近池塘的建筑面积为 111 平方米，现在是龚全意的居所，他家的客厅后是山墙位置，以前有一扇小门通向后面，更特别的是，此处有两扇墙体。后面的建筑面积为 185 平方米，现在是杨珍香在居住，他们都不是原住户，据说是新中国成立后分房所得，这个建筑曾经是一个家族的居所，更有意思的是，虽然是一个家族，但是可以推断整个建筑不是一次性建造完成的。建筑的屋顶结构，采用我国传统民居建筑中勾连搭的营造方式，大屋建筑的最后三重应该是首先修建的，建造的历史也更为久远，也是整个村子里最辉煌的建筑，东面目前保留下的一重，从整个建筑群能很容易分辨出是后来修建的，根据建筑的天井组成的空间联络体系，能看出屋顶结构设计方式。

丫头山村落除了建筑以外，建筑的排水系统，也很有其特色，是有名的"九龙串珠"

图 3.5-1　丫头山村航拍

的布局方式，后山上的来水和建筑要排出的水，都由精心设计的排水系统承担，其建筑的巷道都是用大青石板铺设，下面是排水沟，沟的高度为 1.5 米，宽度接近 1.2 米。建筑天井收集的雨水也是自成一体，与主下水道平行布置，间距 6 米左右，从最后一重的阳沟慢慢向前排出，雨水最终进入池塘，但这个排水沟比较小，高与宽只有 0.4 厘米，没有门前巷道那么宽，但也很好地解决了屋面雨水排出的问题。

整栋建筑是"金包银"的墙体营造方式，其特点是建筑外围都是青砖墙，建筑内部隔墙为土砖砌成。由于历史原因整栋建筑分为四个户主，现在常住人口两人，也就是前面提到的龚全意和杨珍香，其中杨珍香家建筑的天井过去有专门的下水道，类似倒杆一样进入阳沟，天井用玻璃封闭，不直接暴露在外，建筑内部雕刻精美，客厅两侧是转马楼的空间布局，是格子门，格子门中间横板上雕刻着非常精美的《松鼠葡萄》《一鹭莲升》《麒麟喜鹊》等图案，如图 3.5-2 所示。建筑的等级还体现在建筑山墙造型上，是曲线马头墙造型，类似五凤楼的造型，已经是麻城本地马头墙造型的最高等级。通过建筑调研和测绘，绘制的建筑图纸全面，包括建筑墙体、柱础、天井和装饰元素等达到全面宣传丫头山古民居建筑的目的，如图 3.5-3 所示。

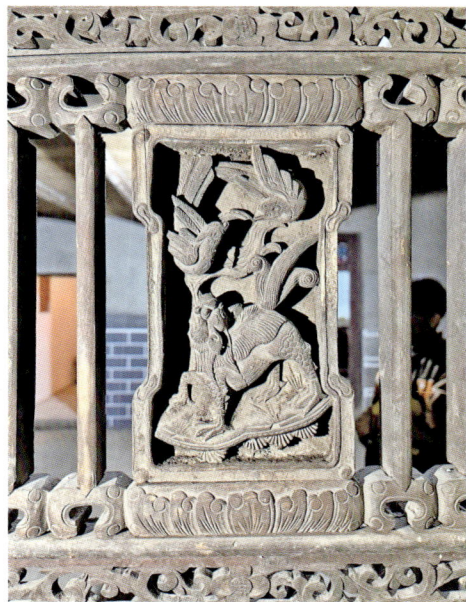

图 3.5-2　丫头山村大屋建筑木雕

图 3.5-3　丫头山大屋建筑测绘图

(a) 大屋建筑效果图

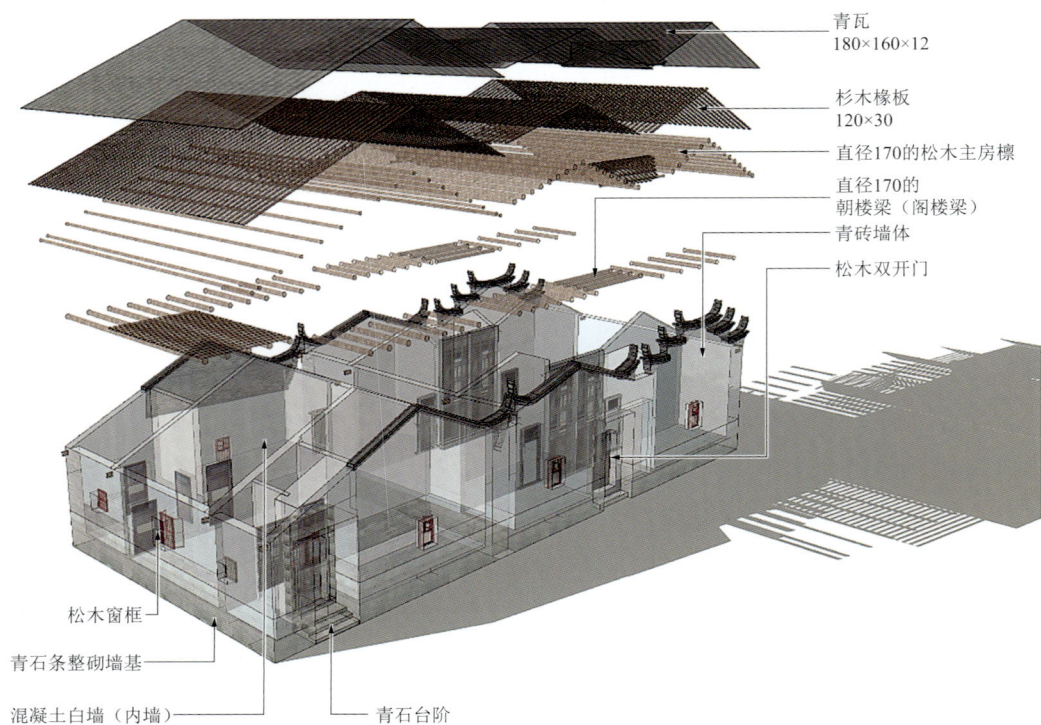

青瓦
180×160×12

杉木椽板
120×30

直径170的松木主房檩

直径170的
朝楼梁（阁楼梁）

青砖墙体

松木双开门

松木窗框

青石条整砌墙基

混凝土白墙（内墙）

青石台阶

(b) 大屋建筑结构图

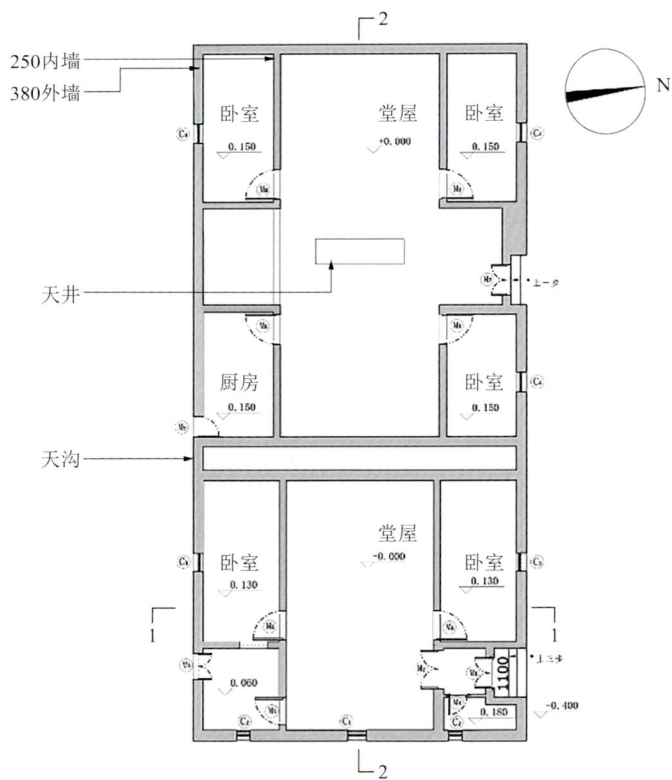

250内墙
380外墙

卧室
0.150

堂屋
+0.000

卧室
0.150

天井

厨房
0.150

卧室
0.150

天沟

卧室
0.130

堂屋
-0.000

卧室
0.130

0.060

0.180

N

(c) 大屋建筑平面示意图

戗角　青瓦 180×160×12　青砖墙体　青石条整砌墙基　松木单开门　松木窗框　直径170的松木主房檩　杉木椽板 120×30

大屋建筑左立面图 1∶80

直径170的松木主房檩　杉木椽 120×30　松木双开门　青砖墙体　青石条整砌墙基　戗角　松木窗框

大屋建筑右立面图 1∶80

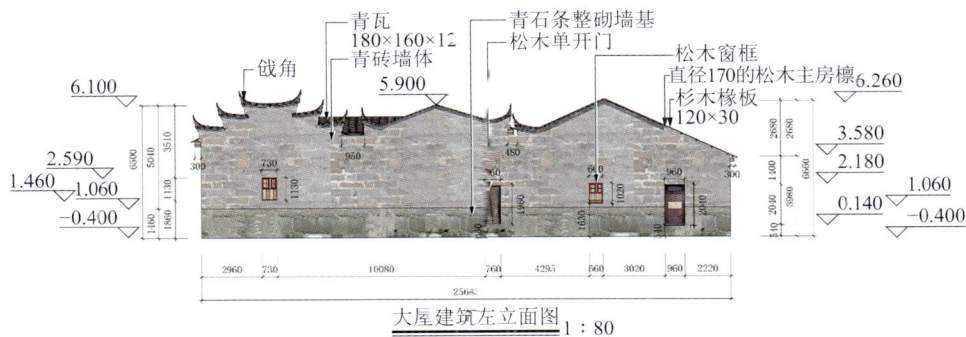

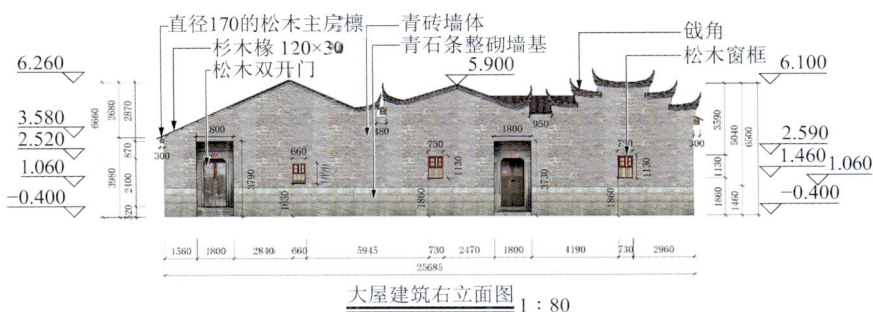

(d) 大屋建筑左右立面图

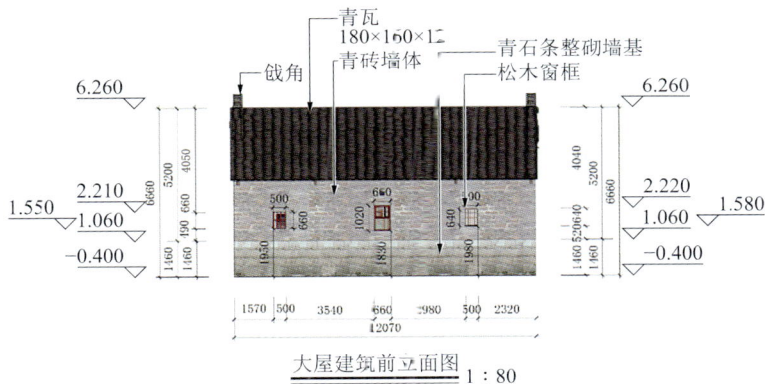

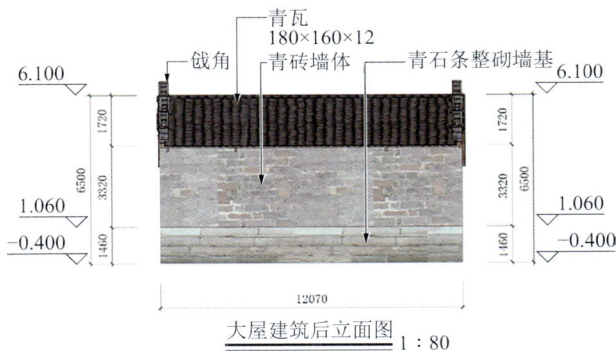

青瓦 180×160×12　青砖墙体　青石条整砌墙基　松木窗框　戗角

大屋建筑前立面图 1∶80

戗角　青瓦 180×160×12　青砖墙体　青石条整砌墙基

大屋建筑后立面图 1∶80

(e) 大屋建筑前后立面图

直径170的松木主房檩
杉木椽板 120×30
直径170的朝楼梁（阁楼梁）
青砖墙体
松木窗框
松木单开门
青瓦 180×160×12

大屋建筑1-1剖面透视图

直径170的松木主房檩
杉木椽板120×30
直径170的朝楼梁（阁楼梁）
松木窗框
松木单开门
青砖墙体
青瓦 180×160×12

大屋建筑1-1剖面图　1：80

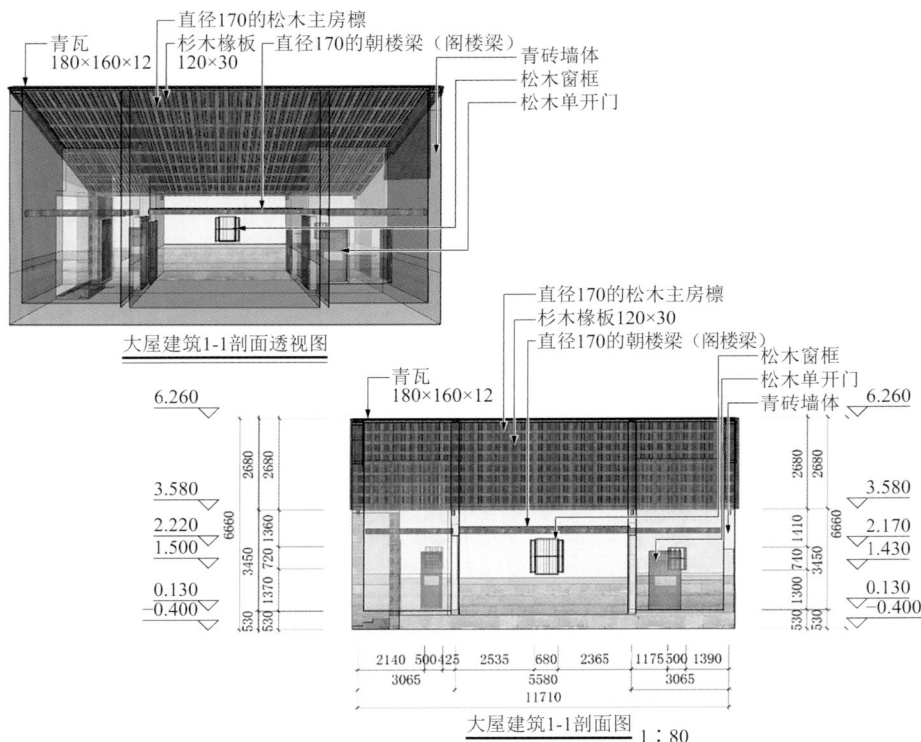

(f) 大屋建筑剖面图（一）

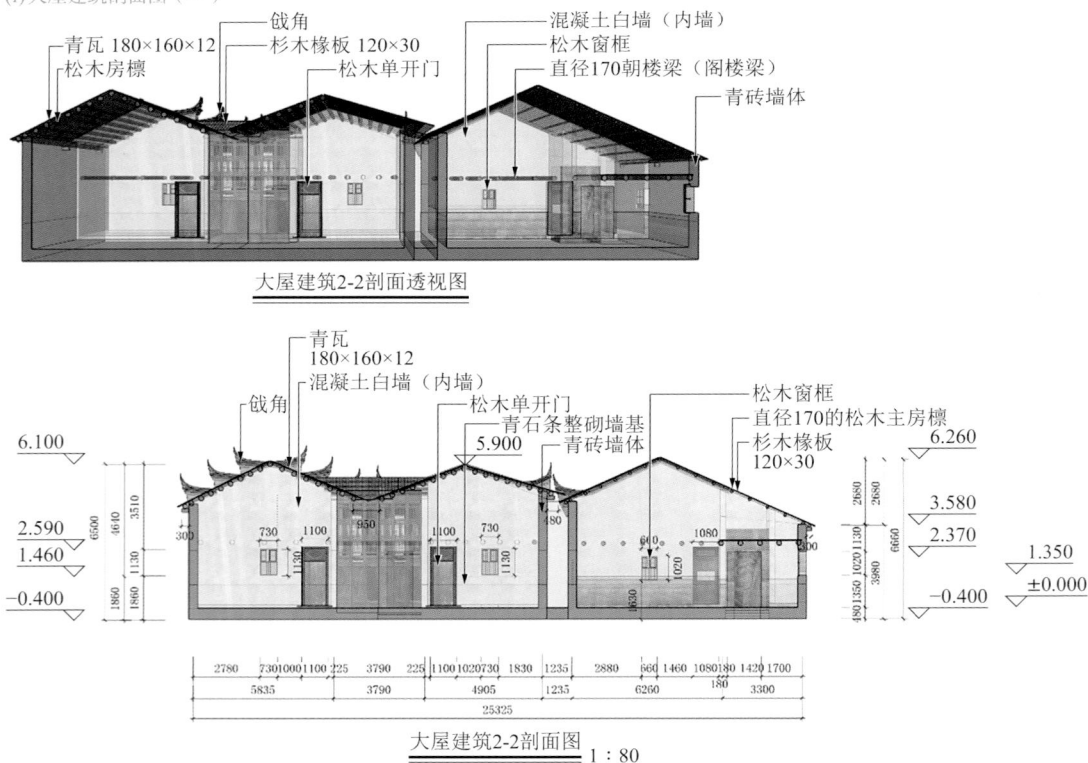

青瓦 180×160×12
松木房檩
戗角
杉木椽板 120×30
松木单开门
混凝土白墙（内墙）
松木窗框
直径170朝楼梁（阁楼梁）
青砖墙体

大屋建筑2-2剖面透视图

青瓦 180×160×12
混凝土白墙（内墙）
戗角
松木单开门
青石条整砌墙基
青砖墙体
松木窗框
直径170的松木主房檩
杉木椽板 120×30

大屋建筑2-2剖面图　1：80

(g) 大屋建筑剖面图（二）

松木窗框

直径1cm钢筋窗档

C4窗立面图 1 : 20

松木窗框

直径1cm钢筋窗档

C5窗立面图 1 : 20

松木窗框

直径1cm
钢筋窗档

C1窗立面图 1 : 20

杉木窗框

直径1cm
钢筋窗档

C2窗立面图 1 : 20

松木窗框

直径1cm
钢筋窗档

C3窗立面图 1 : 20

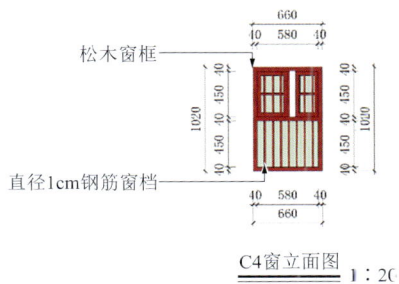

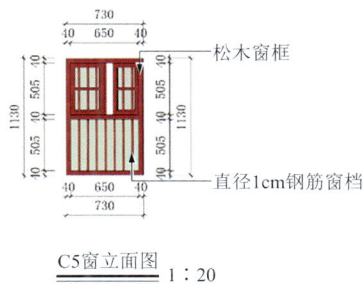

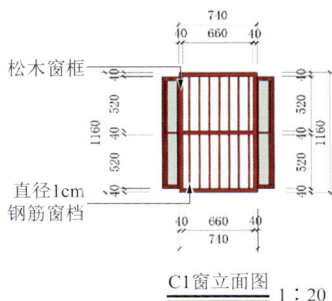

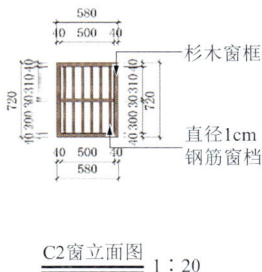

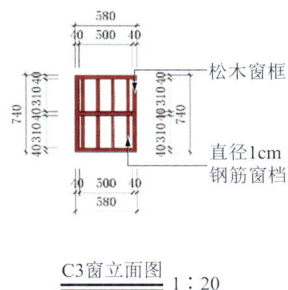

(h) 大屋建筑窗户立面图

青石门夹石头
青石墀头
松木双开门

M1门立面图 1 : 20

摇头

门堂

M4门立面图 1 : 20

摇头

门堂

M5门立面图 1 : 20

松木门

M2门立面图 1 : 20

摇头

门堂

M3门立面图 1 : 20

(i) 大屋建筑门立面图（一）

青石门夹石头
青石墀头
松木双开门

1800
350　1100　350

500
350
3530
2400
280

350　1100　350
1800

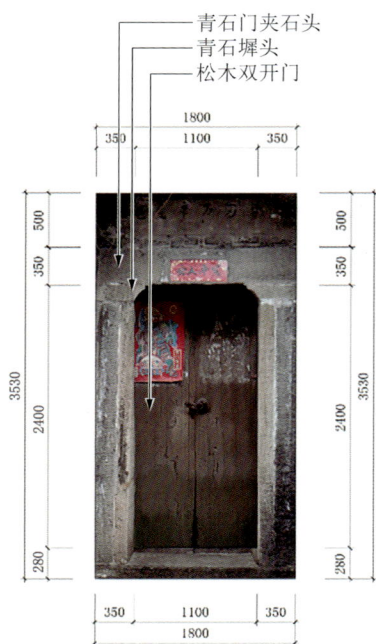

M7门立面图　1：20

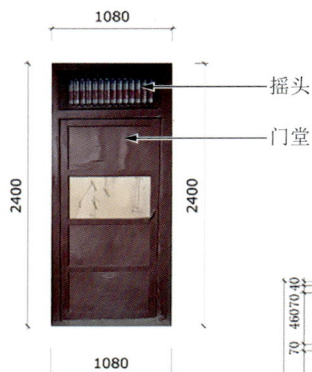

1080

摇头
门堂

2400
2400

1080

M6门立面图　1：20

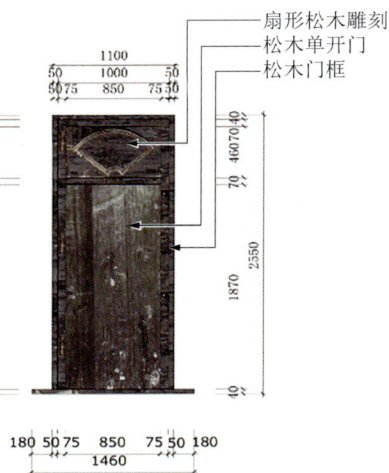

扇形松木雕刻
松木单开门
松木门框

1100
50　1000　50
50 75　850　75 50

460 70 40
70
2550
1870
40

180 50 75　850　75 50 180
1460

M8门立面图　1：20

(j) 大屋建筑门立面图（二）

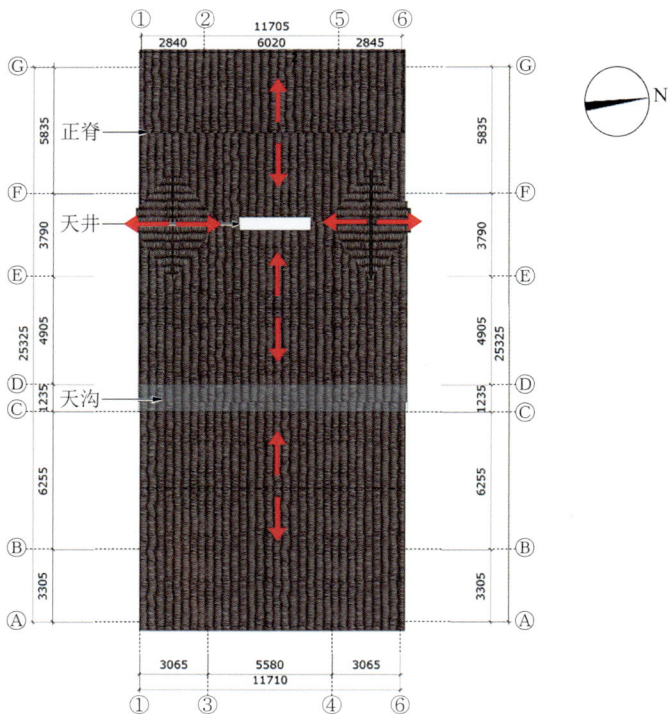

① ② 11705 ⑤ ⑥
2840　6020　2845

G
5835
正脊
F
3790
天井
E
4905
25325
D
1235
天沟
C
6255
B
3305
A

G
5835
F
3790
E
4905
25325
D
1235
C
6255
B
3305
A

N

3065　5580　3065
11710

① ③ ④ ⑥

(k) 大屋建筑屋面图

3.6 乘马岗镇乘马岗村

乘马会馆（图3.6-1～图3.6-3）位于麻城市乘马岗镇乘马岗村，是黄麻起义的策源地之一，是乘马岗村历史最悠久的古建筑，也是麻城北部地区重要的古建筑，这类规模庞大的建筑群，是整个麻城地区最重要的红色文化遗迹建筑，有丰富的历史文化价值内涵。历史上这里是湖北通往河南的北大门之一，一直是重要的驿站，距离乘马岗镇12公里，到河南省的界限只有7公里，所以就慢慢形成麻城北部的商业集市。清朝末期就开始修建乘马会馆，并随着商业的逐步繁盛，人员越来越多，在乘马会馆对面形成一条老街，其商业建筑类型多样，建筑自由组合，布局自然，展现出麻城北部商贸的繁荣昌盛。乘马会馆后面是丘陵小山，植被还算茂盛，前面有一条小河，与不远处的举水河支流汇合，这里的河道是通往外界的重要码头。

图 3.6-1 乘马会馆外观

图 3.6-2 乘马会馆院落（一）

图 3.6-3 乘马会馆院落（二）

乘马岗村的乘马会馆是红色文化建筑的历史遗迹。整个建筑为两重院落布局，建筑坐西朝东，建筑由门楼、廊道、院落、礼厅和厢房等组成，整个建筑有 725 平方米，内部有 15 平方米的院子，被分成 4 小块，其中右边院落最大，两重建筑之间的院落面积最小，因交通原因被分成两块，就显得更小了，只有 4 平方米不到的面积，现在院落除 2 棵大桂花树之外，种满冬青，修得整整齐齐。

建筑的大门为八字布局，历史上这个建筑等级比较高，整个大门上方墙体高出檐口部分达 1.5 米以上，牺牲建筑出水，也要成就如此造型的大门，是建筑文化的一种彰显。入口大门的门洞是圆弧形拱券结构，从门头上面的造型看，不断叠级收缩，是典型的新古典主义建筑，是中西结合的建筑样式，大门两旁各有一扇窗户，也和大门一样，有拱券的雨搭造型，保持风格一致，门旁还有一对石鼓，也是本地特色造型，整个大门十分壮观。建筑主体礼厅高度达 7.5 米，是目前麻城所调研的民居建筑中最高的一栋，建筑为叠梁结构，是大型建筑常用的建筑结构，但是所有的厢房屋顶结构都已彻底毁坏，现结构可能是 20 世纪 80 年代的建造，不是叠梁结构，而是每个檩条一个顶柱的结构，不符合传统做法，因此，建议在后期修缮时，对厢房的建筑结构进行调整。

当走进建筑内部，可以看到许多被漆成红色的窗户和大门，由于是内向布局的建筑结构，整个内向的墙面也都是木结构，也被漆成大红色，门窗的纹样丰富，包括灯笼格、六边形和夔龙纹等图案，中间还雕刻了一些戏曲故事的人物雕版，门板还有一些菱形纹、如意纹或蝙蝠纹的装饰，木雕精雕细琢、纤毫毕现，雕刻量大，内院几乎全都是木结构，建筑可谓壮观。

　　本次测绘调研活动主要集中在建筑的墙体、院落和房屋结构的设计，测绘图采用彩色样式表达建筑设计，能更加全面地展示建筑的整体风貌，可为后期修缮和宣传乘马会馆建筑提供有力依据。乘马会馆测绘图如图3.6-4所示。

图3.6-4　乘马会馆测绘图

(a)乘马会馆效果图

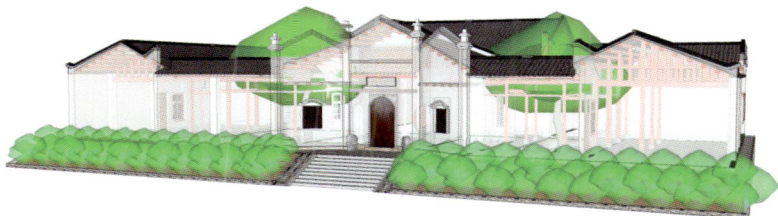

(b)乘马会馆透视效果图

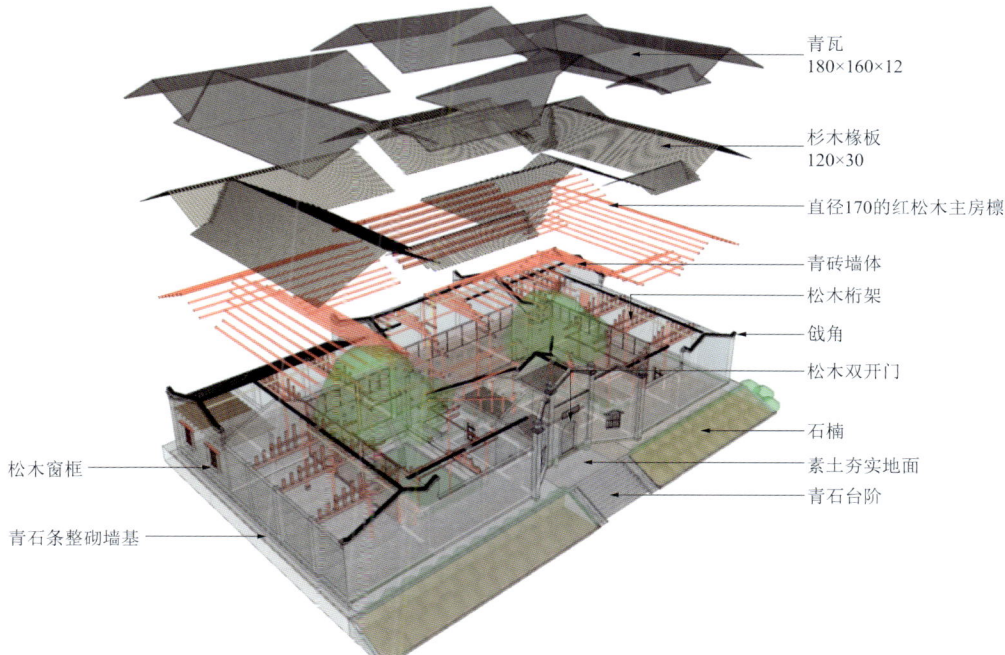

(c)乘马会馆结构图

青瓦
180×160×12
青砖墙体
松木双开门
素土夯实地面
松木窗框
戗角
石楠

7.500
5.980
3.660
2.900
±0.000
−1.260

1520
2320 1250 1070 1520
3660 760
2900
1260 1260
8760

4080　2550　　7535　　400 2730 380　　　　　4660　　2485　3940
1035　1035 945　957
1450
14165　　　　　　10540　　　　　　11085
35790

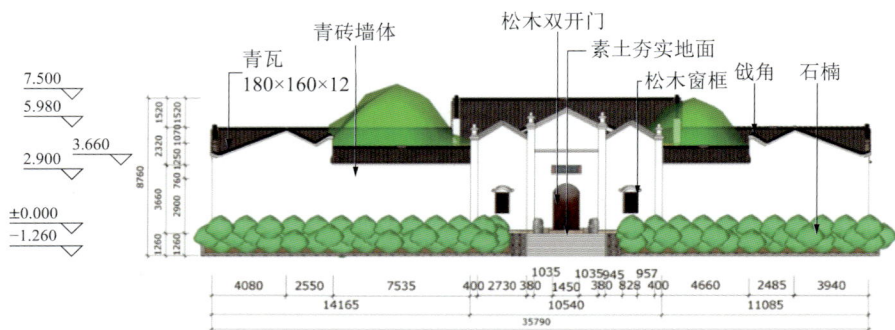

乘马会馆前立面图　1：100

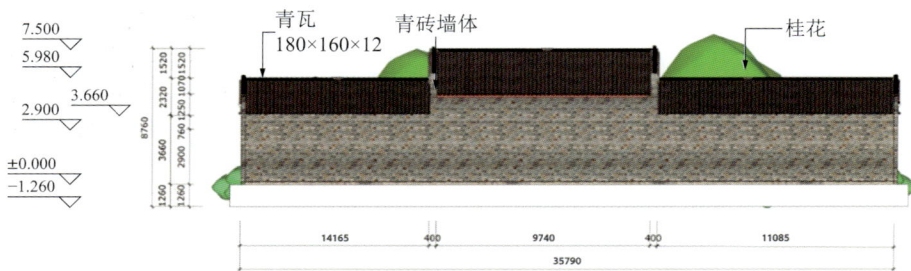

青瓦
180×160×12
青砖墙体
桂花

7.500
5.980
3.660
2.900
±0.000
−1.260

1520
2320 1250 1070 1520
3660 760
2900
1260 1260
8760

14165　　　400　　9740　　400　　11085
35790

乘马会馆后立面图　1：100

(d)乘马会馆前后立面图

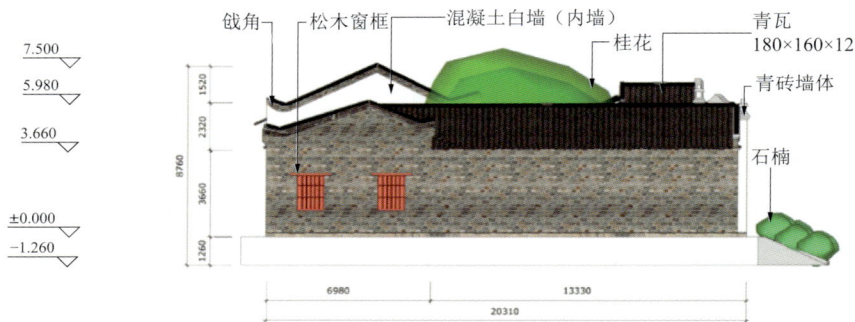

戗角
松木窗框
混凝土白墙（内墙）
桂花
青瓦
180×160×12
青砖墙体
石楠

7.500
5.980
3.660
±0.000
−1.260

1520
2320
3660
1260
8760

6980　　　　13330
20310

乘马会馆左立面图　1：80

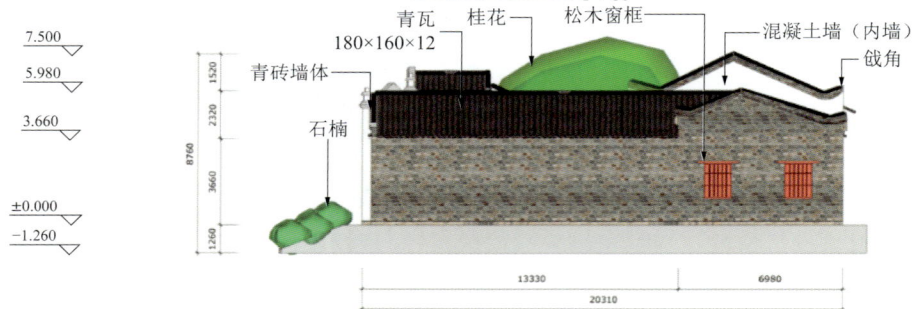

青瓦
180×160×12
桂花
松木窗框
混凝土墙（内墙）
戗角
青砖墙体
石楠

7.500
5.980
3.660
±0.000
−1.260

1520
2320
3660
1260
8760

13330　　　　6980
20310

乘马会馆右立面图　1：80

(e)乘马会馆左右立面图

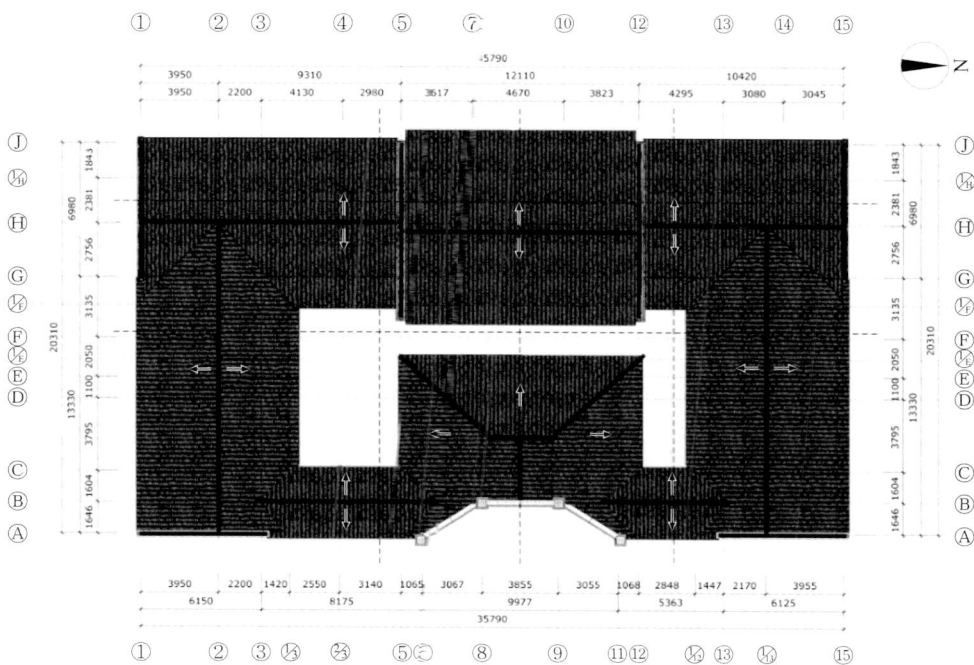

(f)乘马会馆屋面图（1：100）

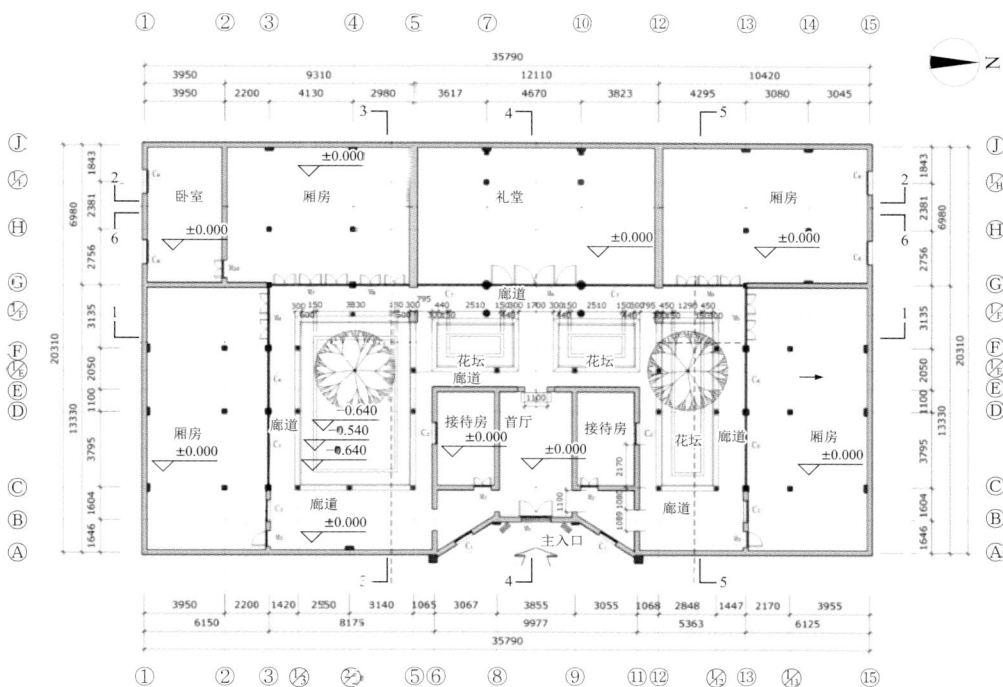

(g)乘马会馆平面图（1：100）

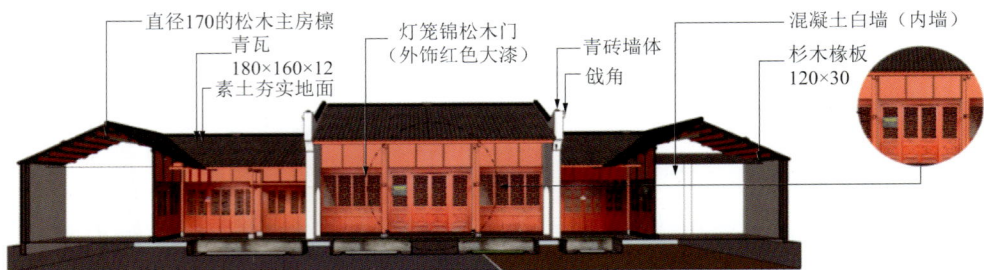

直径170的松木主房檩
青瓦 180×160×12
素土夯实地面
灯笼锦松木门（外饰红色大漆）
青砖墙体
戗角
混凝土白墙（内墙）
杉木椽板 120×30

乘马会馆1-1剖面透视图

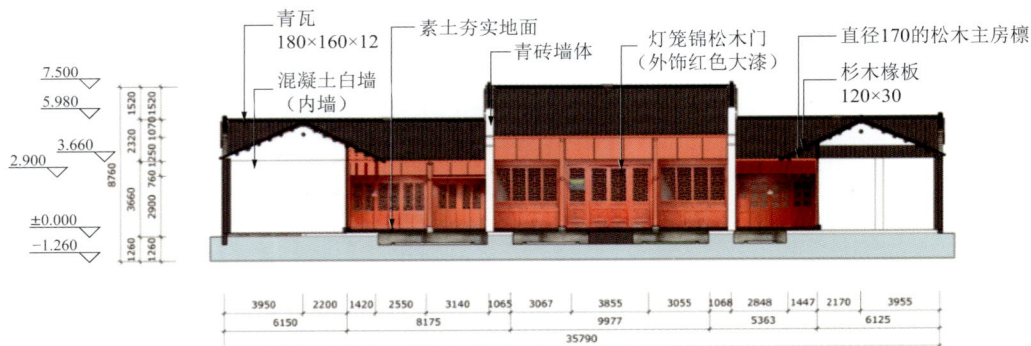

青瓦 180×160×12
素土夯实地面
混凝土白墙（内墙）
青砖墙体
灯笼锦松木门（外饰红色大漆）
直径170的松木主房檩
杉木椽板 120×30

乘马会馆1-1剖面图　1：100

(h)乘马会馆剖面图（一）

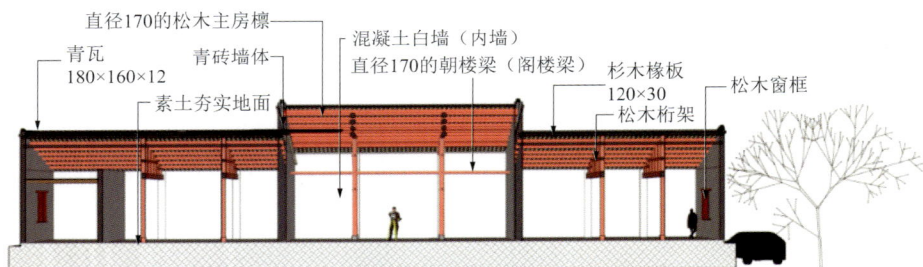

直径170的松木主房檩
青瓦 180×160×12
青砖墙体
素土夯实地面
混凝土白墙（内墙）
直径170的朝楼梁（阁楼梁）
杉木椽板 120×30
松木桁架
松木窗框

乘马会馆2-2剖面透视图

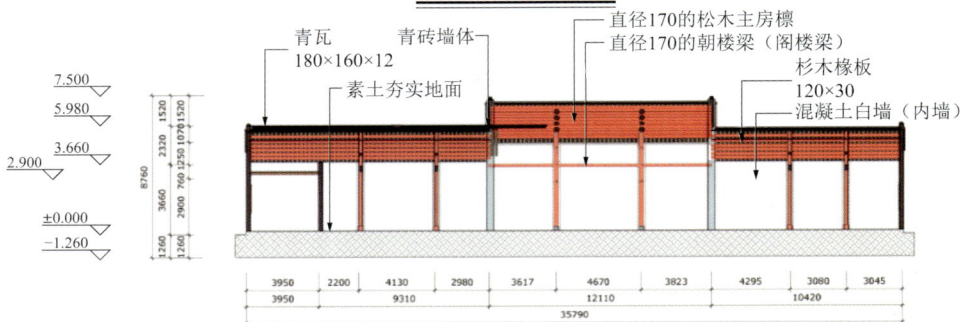

青瓦 180×160×12
青砖墙体
素土夯实地面
直径170的松木主房檩
直径170的朝楼梁（阁楼梁）
杉木椽板 120×30
混凝土白墙（内墙）

乘马会馆2-2剖面图　1：100

(i)乘马会馆剖面图（二）

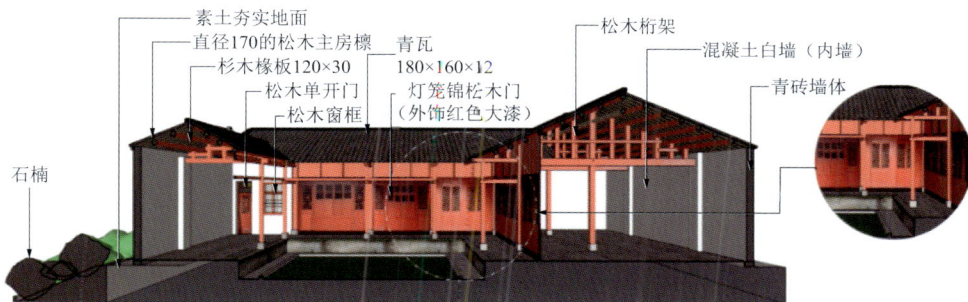

素土夯实地面
直径170的松木主房檩
杉木椽板120×30
松木单开门
松木窗框
青瓦 180×160×12
灯笼锦松木门（外饰红色大漆）
松木桁架
混凝土白墙（内墙）
青砖墙体
石楠

乘马会馆3-3剖面透视图

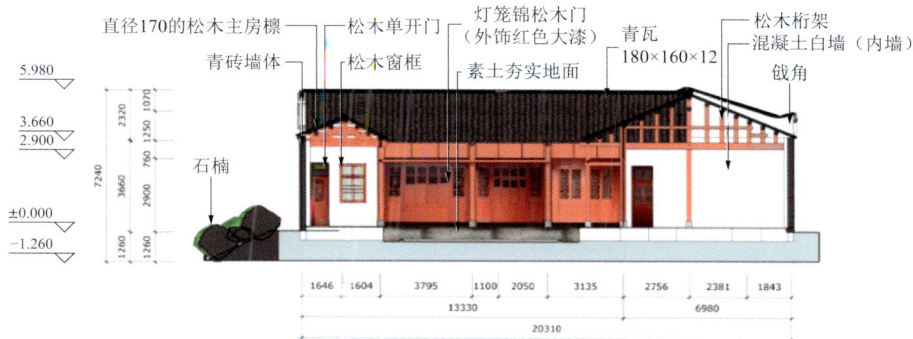

直径170的松木主房檩
青砖墙体
松木单开门
松木窗框
灯笼锦松木门（外饰红色大漆）
素土夯实地面
青瓦 180×160×12
松木桁架
混凝土白墙（内墙）
戗角
石楠

5.980
3.660
2.900
±0.000
-1.260

2320 1070
1250
760
3660 2900
7240
1260 1260

1646 1604 3795 1100 2050 3135 2756 2381 1843
13330 6980
20310

乘马会馆3-3剖面图 1：80

(j)乘马会馆剖面图（三）

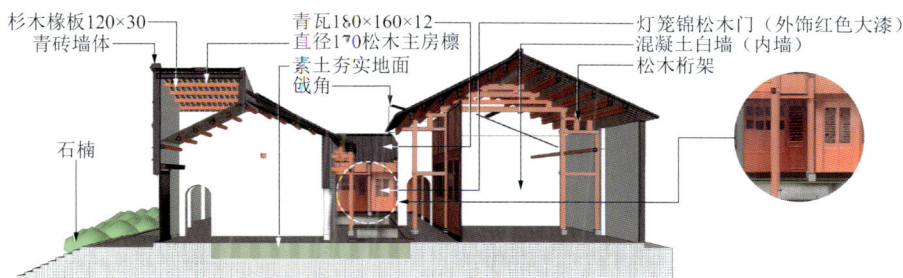

杉木椽板120×30
青砖墙体
青瓦180×160×12
直径170松木主房檩
素土夯实地面
戗角
灯笼锦松木门（外饰红色大漆）
混凝土白墙（内墙）
松木桁架
石楠

乘马会馆 4-4 剖面透视图

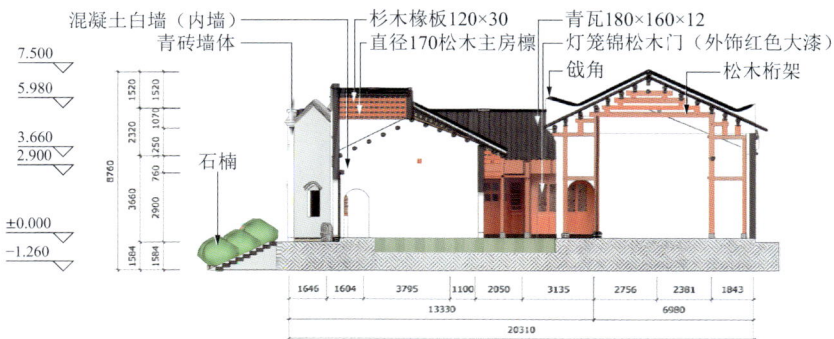

混凝土白墙（内墙）
青砖墙体
杉木椽板120×30
直径170松木主房檩
青瓦180×160×12
灯笼锦松木门（外饰红色大漆）
戗角
松木桁架
石楠

7.500
5.980
3.660
2.900
±0.000
-1.260

1520 1520
2320 1070
1250
760
8760
3660 2900
1504 1504

1646 1604 3795 1100 2050 3135 2756 2381 1843
13330 6980
20310

乘马会馆 4-4 剖面图 1：80

(k)乘马会馆剖面图（四）

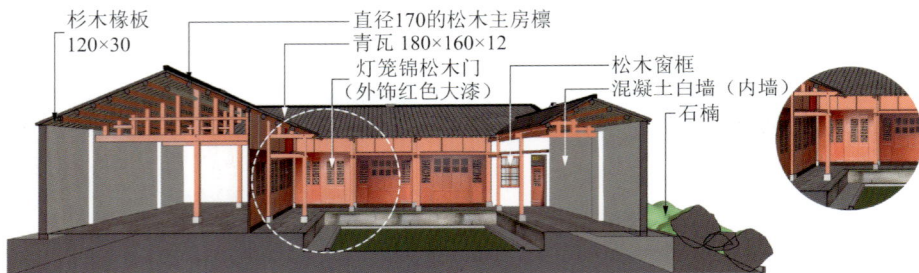

杉木椽板 120×30
直径170的松木主房檩
青瓦 180×160×12
灯笼锦松木门（外饰红色大漆）
松木窗框
混凝土白墙（内墙）
石楠

乘马会馆5-5剖面透视图

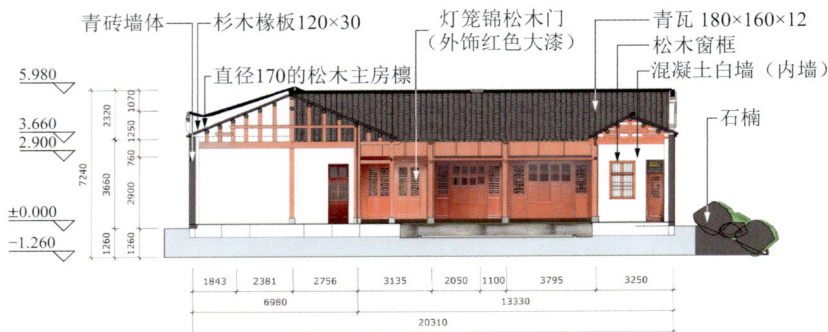

青砖墙体
杉木椽板120×30
灯笼锦松木门（外饰红色大漆）
青瓦 180×160×12
松木窗框
混凝土白墙（内墙）
直径170的松木主房檩
石楠

5.980
3.660
2.900
±0.000
-1.260

2320 1070
1250
760
3660 2900
1260 1260
7240

1843 2381 2756 3135 2050 1100 3795 3250
6980 13330
20310

乘马会馆5-5剖面图 1∶80

(l)乘马会馆剖面图（五）

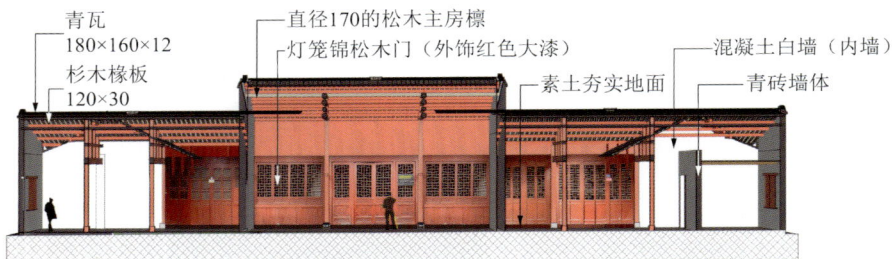

青瓦 180×160×12
杉木椽板 120×30
直径170的松木主房檩
灯笼锦松木门（外饰红色大漆）
混凝土白墙（内墙）
素土夯实地面
青砖墙体

乘马会馆 6-6 剖面透视图

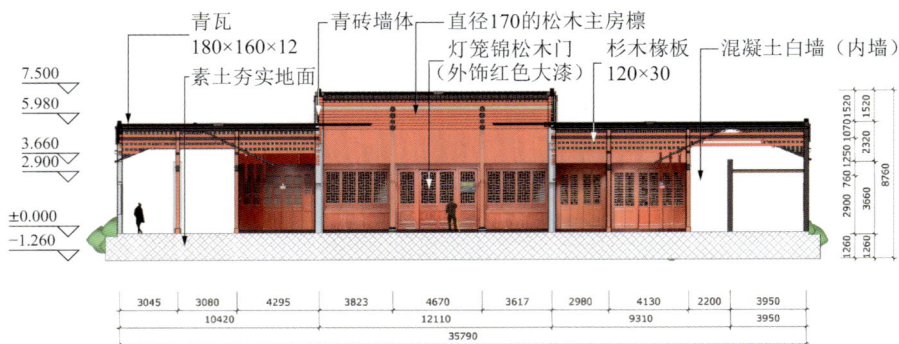

青瓦 180×160×12
素土夯实地面
青砖墙体
直径170的松木主房檩
灯笼锦松木门（外饰红色大漆）
杉木椽板 120×30
混凝土白墙（内墙）

7.500
5.980
3.660
2.900
±0.000
-1.260

2900 760 1250 1070 1520
2320 1520
3660 8760
1260 1260

3045 3080 4295 3823 4670 3617 2980 4130 2200 3950
10420 12110 9310 3950
35790

乘马会馆 6-6 剖面图 1∶100

(m)乘马会馆剖面图（六）

灯笼锦松木双开门
（外饰红色大漆）

2600

850

M2门立面图　1∶20

灯笼锦松木门
（外饰红色大漆）

2730

2950

M5门立面图　1∶20

松木双开门

6825

1570

M1门立面图　1∶20

灯笼锦松木单开门
（外饰红色大漆）

2710

800

M3门立面图　1∶20

灯笼锦松木门
（外饰红色大漆）

2750

2900

M4门立面图　1∶20

(n)乘马会馆门窗立面图（一）

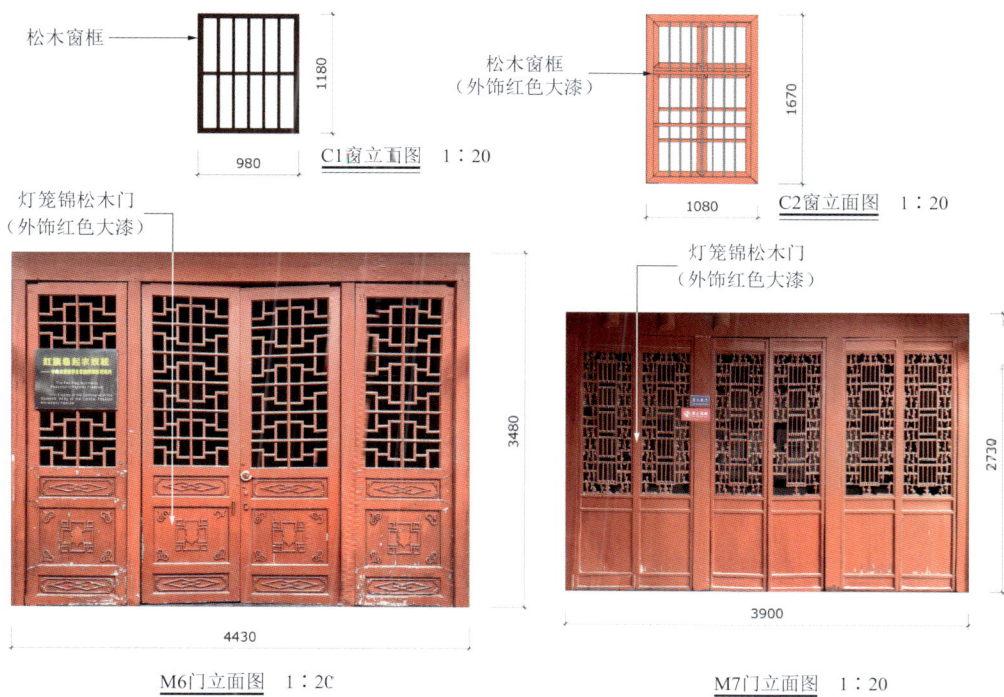

松木窗框

1180

980

C1窗立面图　1∶20

松木窗框
（外饰红色大漆）

1670

1080

C2窗立面图　1∶20

灯笼锦松木门
（外饰红色大漆）

3480

4430

M6门立面图　1∶2C

灯笼锦松木门
（外饰红色大漆）

2730

3900

M7门立面图　1∶20

(o)乘马会馆门窗立面图（二）

灯笼锦松木双开门
（外饰红色大漆）

2600

870

M10门立面图　1：20

灯笼锦松木窗
（外饰红色大漆）

2730

3550

C3窗立面图　1：20

灯笼锦松木门
（外饰红色大漆）

2730

2650

M8门立面图　1：20

灯笼锦松木门
（外饰红色大漆）

2730

4000

M9门立面图　1：20

(p)乘马会馆门窗立面图（三）

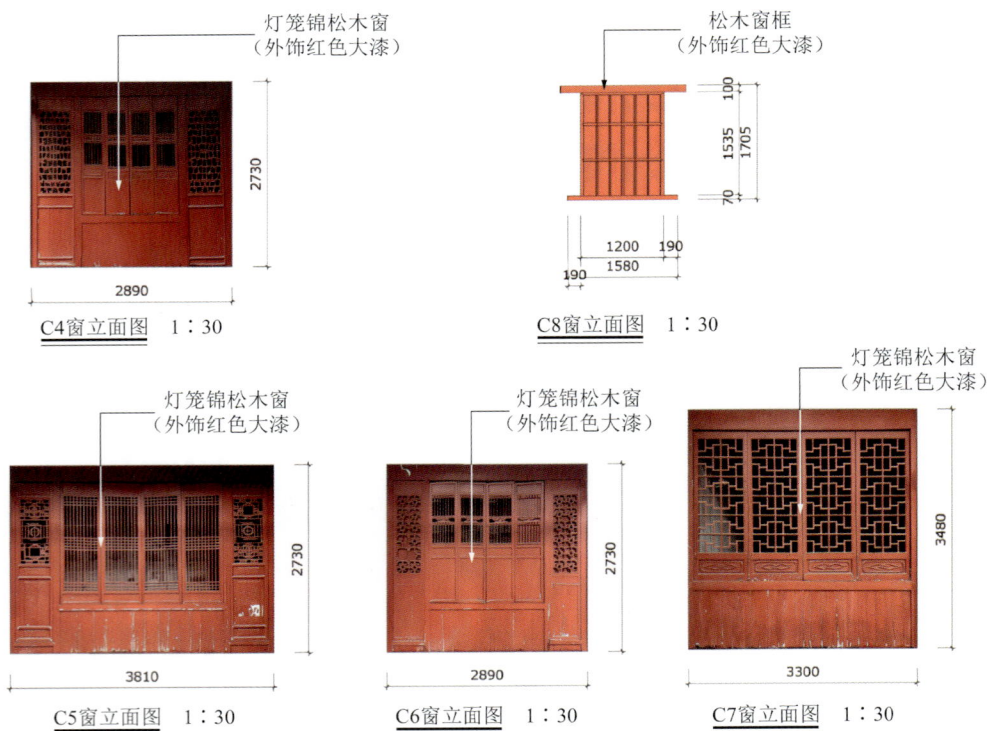

灯笼锦松木窗
（外饰红色大漆）

2730

2890

C4窗立面图　1：30

松木窗框
（外饰红色大漆）

100
1535
1705
70

1200　190
1580
190

C8窗立面图　1：30

灯笼锦松木窗
（外饰红色大漆）

2730

3810

C5窗立面图　1：30

灯笼锦松木窗
（外饰红色大漆）

2730

2890

C6窗立面图　1：30

灯笼锦松木窗
（外饰红色大漆）

3480

3300

C7窗立面图　1：30

(q)乘马会馆门窗立面图（四）

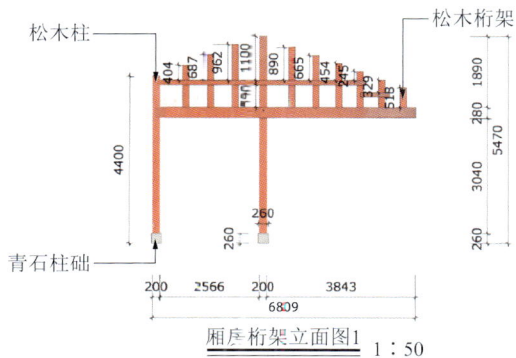

厢房桁架立面图1 1：50

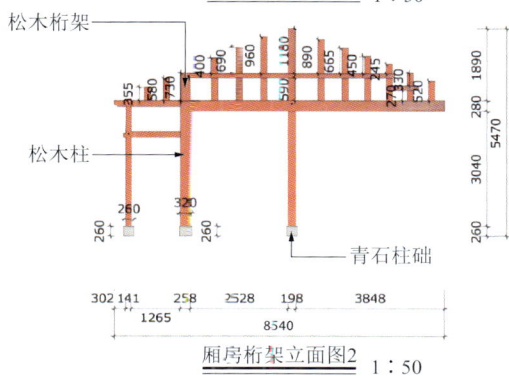

厢房桁架立面图2 1：50

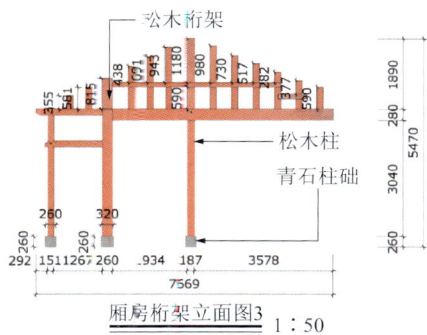

厢房桁架立面图3 1：50

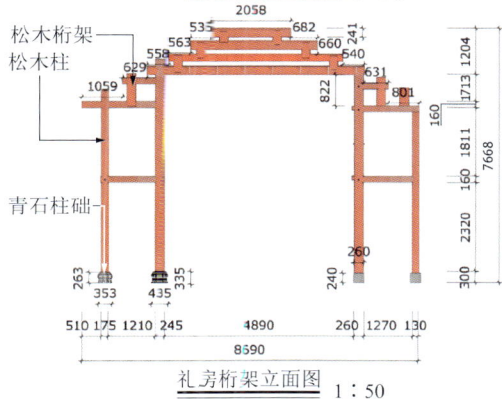

礼房桁架立面图 1：50

(r)厢房、礼房桁架立面图

3.7 黄土岗镇小漆园村

小漆园村（图 3.7-1～图 3.7-3）是整个麻城传统村落里保持较好的村落，也是麻城北部地区名气最大的一个村落，该村落距离黄土岗镇 10 公里，有一半都是山路，弯急路陡，所以从 20 世纪 80 年代开始，村子里的人也就慢慢搬出了村子，到镇边的 106 国道旁修建新的家园，现在只有农忙时，人们才从山下回村居住，还有人常年在外打工，房屋闲置，所以整个小漆园自然村，包括周边 10 公里范围内，保留了大量几十个传统村落或传统风貌的村子，这是整个麻城市保留传统村落最多的地方，大部分都是"一颗印"式土砖建筑。

小漆园村建筑布局是坐北朝南，现有住户 148 户，其中有特色的房子可以分成四大类型：一是过去大户人家的合院建筑，也叫做大屋建筑，规模庞大，小漆园有两处，一处是位于村子核心区的四重大屋建筑，还有一处位于村西部侧边，两栋建筑原面积有 1000 平方米；二是祠堂花屋建筑（图 3.7-4），现在还有人在居住，历史风貌和建筑特点都很明显，祠

图 3.7-1　小漆园村外景

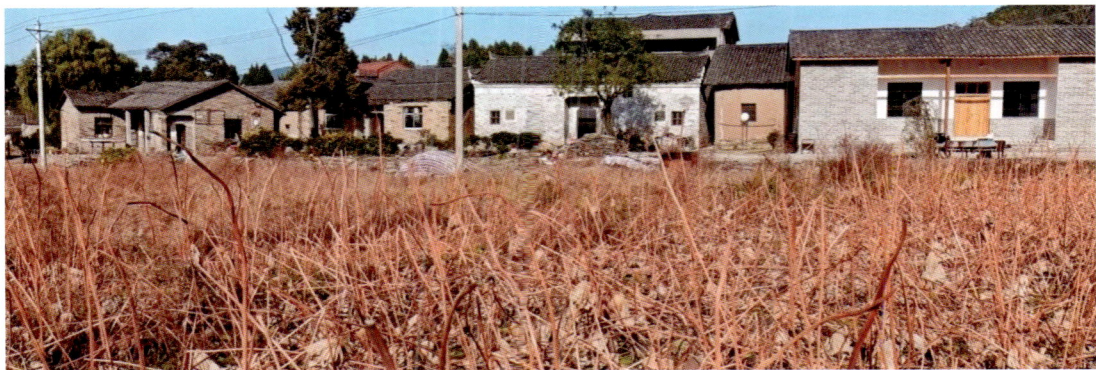

图 3.7-2　小漆园村田园景观

图 3.7-3　小漆园村落景观

堂位于村子核心位置，小漆园何氏祠和何氏支祠的建筑位置就在此处，居于村子前部，两栋建筑并排，都是最核心的位置，何氏支祠的建筑已经不存在了，但石雕牌匾还在；三是"一颗印"式天井土砖建筑，这样的建筑，在小漆园有 10 栋以上，在传统村落修缮二期工程中，都得到了很好地保护，目前也存在一定问题，就是大多数没有人居住，长此以往容易坍塌，这类建筑由我国传统民居建筑中的"一正两厢"建筑发展而来，此类似建筑在全国各地都有，包括甘肃民居、北京四合院、皖南民居、福建民居和云南民居等；四是普通两坡屋顶建筑，多数为三开间，但配有各种功能的小房子，从空间布局到建筑外观，都显得层次丰富，是普通民众过去首选的建筑。

　　小漆园村"一颗印"式建筑，多数被当地村民称为"大推车"建筑，从外观来看，

图 3.7-4 小漆园画屋建筑

左右对称，建筑布局满足祭祀和信仰空间需求，这是"一颗印"式天井土砖建筑存在的重要原因，从建筑中轴线的大门进入室内不到 3 米的位置，有一个 1 米长的阳沟，承接天井雨水，后面的堂屋，是祭祀祖先的位置，堂屋的墙边，祭祀用品齐全。"一颗印"式天井土砖建筑以堂屋为中心，左右两旁各有一个出口，很多兄弟分家，左右边各为一家，不用任何动作，就完成建筑与家庭的分割，建筑在设计之初就有模块化的构思，这是民间智慧的重要呈现。

"一颗印"式天井土砖建筑的建筑材料都是本地普遍性的建筑材料，山区是用附近的青石小块作地基，平原地带则用鹅卵石作地基，墙面是采用手工脱模的土砖，规格为 400 毫米 × 180 毫米 × 150 毫米，夯土很少，这样方便运输，施工难度系数会小一些。屋面主要是檩条和椽子，都是本地木材，甚至自家种的木材，檩条多用松树，比较结实耐用，椽子以杉木为主，其他杂树也有。瓦也是自家制作的，瓦都有模子，或请师傅来家里制作，要半年以上的时间才能完成，一个房子的建造，很多人家要三年准备期。这类建筑几乎没有装饰，建筑朴素，但对其精神价值和实用功能进行了完美结合。

3.8　黄土岗镇东冲村

东冲村（图 3.8-1～图 3.8-3）现在归属小漆园村管理，过去它的历史就很复杂，其中一段时间是小漆园乡政府的所在地，现在还保留一批原来乡政府办公室建筑，东冲村曾经也是一个独立的自然村，所以，现在小漆园村的传统村落达到 3 个，我国在传统村落的申报中严格规定，一个自然村只能有 1 个指标。但小漆园属于行政划分的原因达到 3 个，其实小漆园还有很多村落都适合申报中国传统村落，但因行政划分的原因不能再申报着实可惜。东冲距离黄土岗镇 17 公里，整个村子坐西朝东，有 36 户房屋，建筑都是传统风貌的建筑，没有民国以前的古建筑。

东冲传统村落的建筑（图 3.8-4、图 3.8-5）和小漆园一样，但样式没有那么多，主要是"一颗印"式天井土砖建筑，都是五开间，整个村子保留有 6 栋，建筑的轴线上，靠后的是堂屋，左右两旁分布 2 个套间，这样的建筑标准造型被当地人称为"大推车"，但是在乡村里，由于建筑面积大小不一，各家场地都不一样，也会出现"小推车"的"一颗印"式天井土砖建筑，左右不对称，有一边要小一些，但空间的划分还是一样的，只是小的一边房间的开间小一些。除了"一颗印"式天井土砖建筑以外，其他都是两坡屋顶建筑，这类建筑建设的时间不一，大部分都是 20 世纪 50 年代到 80 年代修建的，距离现在也都有 40 多年。

图 3.8-1　东冲村航拍图

东冲传统村落的西北角，有一栋"大推车"样式土砖建筑，是麻城最特别的"一颗印"式天井土砖建筑，主要是因为该建筑经历过2次"大推车"建设，建筑很规矩，也很大，随着家庭成员的增加，对建筑空间的需求愿望也不断增强，但这栋建筑的左边是河流，右边是山崖，高度达4米多，并且上面还有人家，两旁没有建设的空间，后面很低，又特别潮湿，于是户主选择向前发展空间，在两旁厢房的位置，再进行建设，左右两旁各增加了一间房屋，所以这样的建筑是模块化建设，更为难能可贵的是，建筑被赋予了生命，处于一个成长期，这是我国民居建筑最大的特点。东冲有一栋两坡屋顶的建筑墙面用三种以上材料，其堂屋的后墙是青砖墙体，青砖是从老房子拆下来后再次利用的，

图 3.8-2　东冲村雪景

图 3.8-3　东冲村外景

砖可以追溯到民国以前，改建特征明显，砖缝大小不一，没有进行平整修齐，和民国以前建筑相比，显得粗糙，其内部建筑都是用土砖修建，这是传统建筑材料的搭配方式，但围墙部分还有红砖，这是 1992 年公路修通后，补全围墙建设的结果。

图 3.8-4　东冲村建筑

图 3.8-5　东冲村民俗博物馆

3.9　黄土岗镇大屋垸村

在麻城所有传统民居建筑中，大屋垸村（图 3.9-1～图 3.9-5）是比较偏僻的村落之一，和东冲一样，大屋垸原来也是独立的自然村，后来被合并到现在的小漆园村。大屋垸村是比较富裕的村子，从周边的环境看，其优质的山区梯田规模宏大，绵延不绝达上百个阶层，历史上该村就是山区里的富裕地，现在依旧富足，除了梯田多以外，山区小籽类油茶树也特别多，据说每家每年都可以通过卖茶籽增加上万元的收入。加上大屋垸的何氏家族在大别山地区的地位最高，何氏家族在明朝洪武年间，从江西瓦霄坝迁徙到麻城，这里是一世祖的生活之地，现在每年何氏家族清明时期都进行祭祀活动，鄂豫皖三省的何氏子孙都要赶到这里。从诸多社会因素看，对大屋垸的建筑营造影响很大，特别是代表家族意识的大屋建筑，历史上连接成片，蔚为壮观，湖北电视台拍摄了《麻城黄土岗镇传统村落——大屋垸》纪录片。因大屋建筑的东部年久失修而倒塌，加上建筑被划分成许多家庭，没有办法进行全面测绘，比较可惜。

图 3.9-1　大屋垸全景

图 3.9-2 大屋垸村外景 1

图 3.9-3 大屋垸村外景 2

图 3.9-4　大屋垸远景　　　　　　　　　　图 3.9-5　大屋垸建筑

　　大屋垸传统村落整体上坐北朝南，背山面水，门前有河流，山环水抱，是极佳的宜居之地。目前村庄还保留 70 多栋古建筑，整个村子没有一栋楼房，建筑的整体风貌比较好，周边的村落都是一样，村民很多都搬离到 106 国道建房居住，村子距离黄土岗镇 9 公里，进村道路大部分都是山路，交通不便，整个村子被梯田所包围，层峦叠嶂，阡陌纵横，村前有一条小河，河流清澈，水草茂盛，村子的西部水口位置有很多石块和地面岩石层都裸露在外，加上十几棵百年古树，主要由柏树和枫树构成，村落风景风貌优美。

　　大屋垸的传统建筑分为两种类型：一是大屋建筑，在村子的正南部，一字排开，达 80米长，有种街巷的感觉，何氏大屋建筑为三重两天井建筑，建筑正立面是青砖墙体，其他部分都是土砖墙，建筑最有特色的是其大门部分，入口的门廊很小，但其顶为船篷轩造型，是祭祀空间常用的屋顶造型，靠近滴水处的建筑檐口部分，是砖仿木外立面造型，为青砖修建，现在只保留不到 3 米长，每个内龛是 200 毫米×200 毫米的正方形，绘制精美的壁画，题材以花鸟为主，周边有一些折枝缠纹，以及麒麟和一鹭莲升等题材的传统图案，2018年门头开裂，檐口向前倾斜，在设计和施工团队的努力下，运用千斤顶慢慢将墙体推移回正，壁画得以保护，这是大屋垸村唯一的一栋清代建筑，保护传承的意义重大；二是"一颗印"式天井土砖建筑，以"大推车"样式为主，这类建筑数量不多，村子西南部有一栋房屋保留得特别完整，也是《麻城黄土岗镇传统村落——大屋垸》纪录片的拍摄地，这个建筑的天井有些特殊，进门的地方并没有天井，而是在两重建筑之间有天井，和一般的"一颗印"式天井土砖建筑在布局上完全不同，天井是两重建筑的连接建筑，天井十分靠近前面一重的墙体部分。

3.10 木子店镇王家畈村

　　木子店镇王家畈村（图 3.10-1）位于大别山西麓，木子店镇东南部，与安徽省交界，离河南省也不远，这里自古以来就有"鸡鸣三省，鄂东要塞"之说。据传湖广总督张之洞乃此村落第 12 世孙，村落流传张之洞为其姑姑祝寿题词：风火宜家整乾道肃坤维德式一方推巨擘，诗书启后绍庭槐培玉树筵开三豆祝齐眉。横批：杖乡同庆。题词的匾额至今还保留在村落民居里。王家畈自然村形成于明代，现有户籍人口 987 人。村庄占地面积约 90 亩，村域面积约 3.5 平方公里。村域属于大别山腹地，整体地势东高西低差异很大，其村东部大山海拔都在 500 米以上，西部地势平坦广阔。王家畈村张家山传统村落位于大山深处，张家山距离村部 2 公里，均为十分陡峭的山路，其中有两个大转弯角度超过 90°，上坡坡度也很大。往往只能空车上行，这也为该村的古建筑修缮带来难度。

图 3.10-1　王家畈村航拍

位于山区的张家山传统村落，其村落周边植被茂盛，古树参天，溪水潺潺。村里建筑是以一栋大屋为主的村庄，原本大屋建筑达 1200 平方米，现在还有 950 多平方米，建筑坐东朝西，建筑正面有两个入口，整体看建筑是内向型建筑布局，建筑排列达六重 48 米深，每重之间都是通过天井院组织空间，进入之后，建筑被划分成若干个单元组，加上天井很小，没有院落，建筑多有阁楼，显得层高很低，特别是建筑主体的内部过道，宽度只有 90 厘米，感觉庭院深深，似乎在"洞"中穿梭，压迫感和空间感特别强烈。在过去山里土匪横行的年代，这样的建筑内部被设计成"迷宫"一般，单元内层层设防，内部的通道狭窄，给冒犯之人心神不安之感，正是在此建筑环境心理学的理念营造下，通过建筑本身驱使土匪早早撤离。张家山传统村落建筑除了大屋建筑，其他单栋建筑还有 13 栋，多以三开间或四开间为主，也有很多是配套附属建筑，但并不是村庄建筑的主流。

图 3.10-2 王家畈村房屋室内吊锅（摄影：杨金洲）

由于交通不便，张家山传统村落大屋建筑的材料取材地不会超过 2 公里，就是在周边深山和田地寻得，建筑正面是青砖墙体，目前看建筑墙体应该被改建过，少有装饰，砖仿木檐口装饰不明显，小龛设计是通过青砖的砌法实现，十分朴素，没有过多修饰，建筑内部是土砖墙体，窗户和门都偏小，是用就近山区的松木制造而成。在室内陈设上，张家山传统村落的大屋建筑由于有几位老婆婆在此居住，厨房里还保留着山区吊锅（图 3.10-2）的餐饮方式，由于平常烧柴，房间被熏得黑里透亮，却能让木材不易长虫，增强了房梁和椽子的使用年限。火塘能满足餐饮、烧水和烤火的供需，吊锅用的倒杆，中间是一根木杆，上面用绳子固定在房梁上，通过吊锅自身的承重，运用受力点的压力原理，达到随时调节高度的作用，在过去麻城家家户户都有火塘和吊锅，现在已十分少见了。

3.11　黄土岗镇桐枧冲村茯苓窝村

茯苓窝传统村落（图 3.11-1～图 3.11-5）位于麻城东北部山区，周边有小漆园、东冲和大屋垸三个传统村落，加上附近还有几十个传统风貌的村落，形成了麻城北部最著名的"一颗印"式土砖建筑集聚片区，建筑人文价值很大。周边还有桐枧冲瀑布群，麻城北部重要古祠堂王氏祠，几十座大山连片成为著名一景，周边主要山体的山顶上，保留数量可观的山寨，是大别山地区重要的古兵寨遗迹。茯苓窝传统村落与这些人文和自然资源，形成麻城市黄土岗镇重要的旅游资源。

茯苓窝村当地也有人叫它茯苓寨村，从两个字中可以看出村子的营造是山坳的意思，但从民居的选址看，茯苓窝村的选址十分优越，背山面水，两旁山体成围合之势，建筑、山体、池塘、溪流、梯田和道路组成了茯苓窝村优美的麻城乡村景观画面。

茯苓窝村现有建筑 36 栋，可分为三种类型：一是庭院式建筑，这样的建筑是本地"一颗印"式建筑的扩大化，是本次测绘的重点研究对象，建筑多是一重四间的布局，左右两旁有厢房，最前面是门楼，这样的建筑，在整个茯苓窝村有 9 栋，还有一些庭院式建筑，庭院

图 3.11-1　伏苓窝传统村落全景

图 3.11-2 茯苓窝外景

图 3.11-3 伏苓窝建筑

式建筑是茯苓窝村落首选建筑样式。整栋建筑大多在 250 平方米，院子的面积都集中在 50 平方米，长度达到三开间，超过 10 米，很好地满足了各类生活的需要；二是"一颗印"式天井土砖建筑，这样的建筑保存完好的只有一栋，四周环山，很好地挡住了寒风的侵袭，天井建筑更适合此处地理特征，采光和通风效果都很好，建筑居住舒适度高，细微中看出民间的智慧；三是普通两坡顶建筑，这样的建筑和其他传统村落建筑类似，此处不再赘述。

3.12 歧亭镇杏花村

　　歧亭镇是麻城最南边的一个镇，南边与新洲凤凰镇接壤，西边与红安县八里镇相接，区域内东部以举水河冲积平原为主，镇西是丘陵地带，没有高山。杏花村丁家田（图 3.12-1）离镇区很近，只有 4.5 公里，道路平坦，村子周边风景优美，杨柳依依。乾隆皇帝曾给村庙御赐巨匾"杏花古刹"。杏花村是一座文化名村，杜牧《清明》中写到杏花村，因传播很广，山西汾阳、安徽池州和湖北麻城都在宣传杏花村，这也使得三地

图 3.12-1　杏花村丁家田外景

图 3.12-2　《牧童遥指杏花村》壁画

都有自己心中的杏花村。红安县和麻城市有不少民居建筑都绘制以《杏花村》为母体的壁画，最好看的是木子店镇杨梅村白果树塆一栋古建筑的《牧童遥指杏花村》壁画（图 3.12-2），栩栩如生。

丁家田是杏花村的一个小组，距离村部 1.2 公里，保留传统建筑约 80 栋，其中有两处建筑为清代建筑，建筑保存完整。村落西部临近池塘的三重两院建筑是丁家田村落里建造年代最久远的，建筑等级较高的传统建筑，从其布局特点看，既有麻城地区大屋建筑的特点，也有独栋建筑布局意味，建筑材料和其他地方的传统民居一样，东西南北为青砖馂角，内部隔墙和后山墙采用土砖砌墙，建筑也有槽门的入口设计，窗户是铁制窗挡，安装在青石条上，和夫子河镇付兴湾绣楼的窗户材料一样。另外一栋清代建筑的门头有壁画，是麻城西南部村落常用的装饰方式，即在槽门的门头，绘有国画，边框是用粗壮的黑线进行勾勒，用卷云纹的图案以四方连续的构图规律进行呈现，画堂中间写"紫气东来"四个字，丫头山传统村落里，这样带字的门头有 6 个，麻城其他的传统村落没有这样的壁画形式。

土砖建筑是丁家田的另一种建筑样式，从此次测绘的对象看，所选取的这栋土砖建筑有两个地方很特别，一是建筑的西边墙体转角处，感觉被削去一角，建筑正好处于村落转角位置，也是当地习俗中所谓"犯冲"的位置，所以户主愿意牺牲建筑空间，满足村落整体建筑布局需求；二是房屋东边的屋顶向外延伸很多，长度达 80 厘米，这种布局样式在云南藏族民居中常见，建筑本身很小，通过飘出屋顶的设计手法，增强建筑的体量感，外延屋檐下面是村子里重要的巷道，可为其遮风挡雨，体现户主的大度，满满的人文关怀。如图 3.12-3 所示。

图 3.12-3　丁家田土砖建筑效果图

3.13　宋埠镇龙井村

　　龙井村彭英传统村落（图 3.13-1），是尾斗湖畔风景秀丽的一个村庄，该村距离宋埠镇区约 15 公里，距离村部 1.2 公里，村子里的建筑是依照地形地貌的走势特点进行布局，从村庄整体看，坐西朝东，依托在山丘之上。建筑高低层次分明，加上门前池塘倒影，池塘一直到尾斗湖边，都是层层水田，现在主要种植莲藕，每到夏天，风吹荷面，美轮美奂。在池塘和田地之间，有一块平地，上面有 3 棵大枫树，左右两棵很大，直径都超过 1 米，中间一棵稍小，一字展开，平常是村民纳凉的最佳位置，每当走进村子，都有老人在此歇息。村庄的建筑呈南北走势延展开，长度达 320 米，宽度要分成两块，上部靠近池塘的部分宽度约 60 米，下部要窄一些，延伸到湖边，宽度约 40 米，村子的中间被一条上山的道路从中间隔开，据村里老人说以前考虑安全保卫的需求，这条路中有一座进村的门楼，但现在已经不存在了。

　　彭英传统村落总面积为 1.16 公顷，有 87 栋建筑，建筑密度比较大，因此建筑间距都特别小，甚至前后不到 1 米宽，几乎家家都没有院落，随着人员的增长，新中国成立后在老村对面慢慢也建起了 17 栋房屋，还有几栋现代楼房，和老村有差别。从彭英的建筑看，清代建筑保有量较大，占到整个村子所有建筑的 10%，其中彭尚周宅，是两重一院的花屋建筑，建筑不是对称布局，大门没有开在正中间位置，而在建筑中轴线左侧，进门的门厅很小，只有 2.5 米宽，整个建筑 4 开间，这样的布局在东冲传统村落也有一间类似建筑，左边有 1 间卧室，右边有 2 间房屋，厅屋有一扇单开门通向后面一重。从建筑的材料看，是麻城传统民居中常用的材料，建筑的正面、两侧用青砖砌墙，中间隔墙和后山墙是土砖，典型的"金包银"墙体结构，麻城人将这一成就归为麻城名人梅之焕，传说麻城长期都没有青砖房，梅之焕告老还乡时，皇帝问他要什么赏赐，他说不要赏赐，恳请皇帝允许在老家麻城修建青砖房，在皇帝的允许下，麻城从此全面开建青砖民宅，类似这种梅之焕的传说在麻城还有很多。湾流水和山字造型的彭英彭氏祠如图 3.13-2 所示。宋埠镇彭英布局图如图 3.13-3 所示。

　　彭尚周宅的山墙和山区木子店镇深沟的山墙区别最大，这里的建筑是方中带圆，砖砌的博风位置以下到地面，正好是一个标准圆的造型，这样的造型也只是在麻城市与红安县交界的乡村才有，和麻城其他传统村落建筑都不一样，山墙的戗角更是不一样，是麻城市内戗角修建翘度最高的建筑，是延续我国古代鸱尾的一种变形，完全用瓦进行叠砌，最顶端 3～5 片瓦呈散开状，类似凤尾，中间部分是圆形钱纹，固定在墀头上。比较难能可贵的是，彭英后期所建的房屋都统一为这一风格，到 20 世纪 80 年代流行的红砖建筑依然按照这样的建筑样式，所以彭英传统村落的建筑风格统一，给人很强的视觉冲击。所以在麻城传统民居建筑风貌的设计中，可以试用这样的建筑样式。

　　周宅的壁画绘制很有意思，很有艺术的感染力，其门头的《福禄寿》三喜图，老人绘制得歪歪扭扭，寿星是紫色，但经过历史的沉淀，现在的斑驳沧桑感显得很有艺术表现力，正面墀头旁边的壁画，绘制了火车和轮船的题材，人物、火车，栩栩如生。

图 3.13-1 龙井村彭英外景

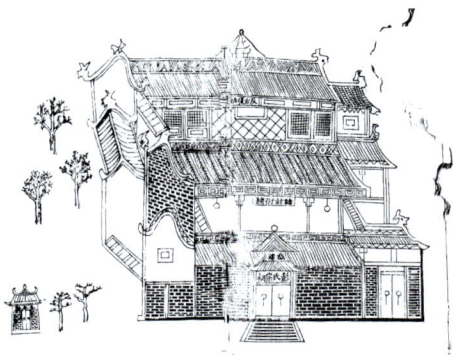

图 3.13-2　湾流水和山字造型的彭英彭氏祠
　　　　　（图片源自彭氏族谱）

图 3.13-3　宋埠镇彭英布局图
　　　　　（图片源自彭氏族谱）

3.14　宋埠镇谢店古村

　　谢店古村（图 3.14-1）和彭英相隔不远，是在一条进村线路上的两个传统村落，建在尾斗湖畔，同属于宋埠镇，不过谢店古村要远一点，距离镇区有 20 公里，谢店传统村落在麻城所有的传统村落里是最古老的一个。原本的谢店古村，在 20 世纪 50 年代末，修建尾斗湖水库的时候被淹没了，村子整体搬迁了，作者在谢店调研时看到，很多建筑的砖里还残存着原来建筑的壁画小块，大多数建筑材料就是拆除原来建筑进行重复利用。从族谱刻本看，原来的谢店古村建筑数量庞大，达上百栋，建筑背山面水，田地阡陌，中间有一栋规模宏大的三重谢氏宗祠，其实彭英传统村落也有一栋大祠堂，也是淹没在尾斗湖里，两个村子里的人都说，祠堂雕龙画凤，屋顶翘角气派。

　　谢店传统村落面积有 7.2 公顷，海拔 65 米，建筑西北朝东南布局，从选址看三面环水，高差有 3 米，因此建筑也很有层次，从进村外围观看，青砖黑瓦的连片古民居建筑错落其

间，依照尾斗湖的水位线建村，形成了村中有水，水中有村，房屋都掩映在尾斗湖上，被人称为"水乡谢店"，村子分成两个部分，前村长 395 米，宽 80 米，约有 100 栋建筑，后村长 300 米，宽 60 米，最窄处 15 米，有 43 栋建筑。

搬迁新建的谢店村，建筑造型还是延续传统建筑的营造方式，在造型上运用戗角的山墙造型，建筑的正面檐口部分没有壁画，清水墙面没有砖仿木的斗拱结构，墙体的最上端做飘檐设计，过去这里正是绘制壁画的地方，现在是利用旧砖按原来的样式砌成。山墙的戗角是必不可少的，而且这里的造型都非常好看，同彭英传统村落的建筑戗角一样，很多也是最上面有凤尾的瓦片塑造，中间有寓意财运的钱纹方孔造型，洒脱地向上高高翘起，当地人把戗角称为兽头，说兽头修得好，预示家庭和睦，因此当地人对兽头修建特别重视，大门也是槽门，窗户是松木结构，有两扇开启的木门。20 世纪 50 年代末的谢店搬迁工程浩大，从建筑布局看，已经没有过去大户的大屋建筑，都是单栋建筑，基本是三开间和四开间较多。从建筑材料看，过去修建一栋房屋，都是经过几年的精心准备才能完成，现在谢店的建筑都是拆除旧砖再利用，很大程度上缩短了施工周期。

图 3.14-1　谢店古村外景

3.15 龟山镇东坳村

东坳村（图 3.15-1～图 3.15-6）位于麻城市东部的龟山镇，距市区约 10 公里。村落的建筑是依照山势展开修建，整个村子位于山顶上，海拔 300 米，村落布局是坐西朝东，南北长 400 米，东西宽约 40 米，村子核心区面积有 5.7 公顷，村子背部靠山，三口池塘的布局成为建筑与梯田的过渡带，梯田面积 4.2 公顷，村子里总计约有 85 栋建筑，第一次传统村落工程修缮前，只有 2 栋现代楼房建筑，其余都是单层建筑，清代建筑有 2 栋，其他类型建筑都是建在山顶上，村子后山有一棵百年古枫树，村前田埂上有 5 棵百年以上的古树，其中一棵皂角树树龄更久，村庄周边植被茂密，东坳村是麻城市传统村落里，建筑风貌保持很好的一个村子。东坳村传统村落，过去名称叫鲍家东坳，根据村民介绍，这里过去治安不好，又生活在山区，山里的田地有限，鲍氏祖先就组织子孙从小习武，锻炼出一身本领，一方面可以看家护院，进行自保，据说过去土匪没有进犯过他们村，另一方面村民组织起来开展护送运输业务，开出一片天地。

图 3.15-1　东坳村航拍（摄影：蔡高洁）

由于东垅村是建在山顶上的一个村庄，村里过去有 500 多人，用水问题是首要问题，村子里核心的一个池塘面积约 2200 平方米，是村子里日常用水的来源，其他 2 个池塘，一个

图 3.15-2　东垅村全貌

图 3.15-3　东垅村修缮前风貌

图 3.15-4　东垸村地塘

图 3.15-5　东垸村春景

大池塘有 4200 平方米，是村子灌溉用的池塘，另一个池塘靠近现在进村位置，有 1680 平方米，但比较深，也能储备很多水。对于一个处在高山的村落，水源的问题得到彻底解决。这直接决定村子的风貌和布局。东坑村的道过去是从东边进村，山高路陡，村民说过去家里养的牛还是小牛的时候，从山下背上来，长大后就出不去了，可见出村道路非常不便。

村里的建筑绝大多数是历史风貌建筑，以 20 世纪 80 年代以前的建筑为主，本次测绘的建筑选择两种类型，一种是庭院式建筑，另一种是土砖单栋式建筑，这样的建筑是村子里的主要建筑，村子里的建筑密度很大，建筑之间的空间在核心区域特别小，每栋建筑之间没有空余地方，所以庭院式建筑在东坑村不多，只有靠近池塘这边有几户人家采用这样的布局，多数建筑都是独立建筑，这是家庭成员慢慢减少的结果，所以，单栋三开间和四开间建筑是当地首选建筑样式。天井院建筑有一栋，原本是本次测绘的重点，可惜没有测绘成。从建筑材料看，这类建筑一般都是老旧青砖拆除再利用的青砖建筑，其他的材料还是土砖，但完全都是土砖的建筑并不多，而是"金包银"样式居多。建筑的配套建筑也有一些，包括茅房、牛棚和柴房等，建筑规模都很小，分布在建筑周边。

图 3.15-6　东坑村油菜花海

3.16　龟山镇熊家铺村梨树山村

　　熊家铺村梨树山村（图3.16-1、图3.16-2）是一个具有丰富历史背景和独特地理优势的村落。明朝末年，熊氏先祖从江西迁徙至此，依托于这里的良好地理环境，逐渐形成了现在的传统村落，其一世祖就在梨树山村，包括后来迁徙到河南和安徽的后代，他们每年清明都聚集到此祭祖。熊家铺自然村版图面积为239平方千米，地处东经115°16′51″，北纬31°11′25″，过去整个行政村共有257户，1048人，森林资源28万亩，森林覆盖率达72.5%，山区面积占全镇面积的72%，丘陵面积为28%，有机茶面积为6000亩，年产量50万斤。2018年第一次调查梨树山传统村落时，有70余户人家，现在还保留45栋建筑，常住人口20人。村子距离麻城市区31公里，距离龟山镇区17公里，到村部熊家铺也有4.7公里，海拔330米，村庄坐西朝东，在山间成一字展开，东西长260米，宽50米，村子里的建筑有三到四排，层叠搭配，错落有致，村落核心区面积为1.2公顷。

　　梨树山传统村落的建筑可分为两大类：一是青砖建筑，这样的建筑从建造的年代看，只有一栋建筑是祖屋青砖老建筑，两旁有弧形拱券，成扶壁样式，这样的建筑样式在大别山地区作者只看到两栋，一栋就是夫子河镇付兴湾的绣楼建筑，另外一栋在河南省新县的毛铺传统村落，河南新县的毛氏族人就是从麻城迁徙过去的，所以，那边的建筑和麻城有

图3.16-1　熊家铺村梨树山村外景

图 3.16-2　熊家铺村梨树山村外景

很多相似之处，不足为奇。整栋建筑是 2 层楼房，建筑的层高虽然很低，但也算是梨树山传统村落里等级最高的建筑。其他青砖建筑应该都是新中国成立后修建的，多带有旧砖再利用的痕迹，特别是建筑的灰缝都特别粗糙。二是红砖建筑和现代灰砖建筑，红砖建筑也有快 40 年的历史了，能反映出是一个时代的产物，水泥灰砖是最近几年建筑的。瓦的材料有两种，一种是历史上保存下来的老瓦，用了近 40 多年。另一种是后来出现的红色大瓦，村子里使用得比较普遍，主要是传统老瓦已经老化，现在没人生产，买不到，还有就是老瓦容易松动，屋顶容易漏水。麻城民居建筑都不用望板，最大的缺点是老旧瓦经过风吹后，满屋落灰，村民不愿意用，所以都换成了大瓦，甚至还有 1 米多宽的玻璃钢瓦。

梨树山的非物质文化遗产渔鼓表演（图 3.16-3）自成一派。村落有专门的渔鼓表演队伍，据说是在乾隆年间形成的，演唱的节目以短小的说唱为主，其演出形式较为简单，渔鼓是用 2 尺左右的竹筒制作，一端用驴皮或其他皮包裹而成。演奏时，左手竖抱渔鼓，右手击拍鼓面。指法有"击""滚""抹"和"弹"等。简板用竹片制作，长 45～65 厘米，宽 1.7～2 厘米，一端向外弯曲，两根为一副。演奏时用左手夹击发音。渔鼓文化地方特色鲜明，而且唱词结构严谨，文字通俗，语言活泼，人物形象生动。同时加入月琴、云板伴奏，唱腔纯朴、优美，与地方语言音调紧密结合，腔调圆润。

图 3.16-3　渔鼓表演

3.17 木子店镇洗马河村

洗马河村（图 3.17-1、图 3.17-2）位于大别山南麓，是巴河主源头，杉林河水库库区。新中国成立前为东义洲洗马河和杉林河两地，2015 年两村合并，形成现在的洗马河村。这里民风淳朴，山水如画，绿水青山之间，遗存着样式丰富的古寨、古民居、古寺等建筑。洗马河村全村共有 566 户，2246 人。有风景名胜区栖凤尖、佛教圣地大乘寺和明清兵寨等，200 年以上的古树有 50 多棵。洗马河村三寨一寺一垸传统村落形成于明清两代，陈氏老屋、大乘寺、木雕石刻艺术独特，山地类建筑文化丰厚。

洗马河传统村落申报对象比较多，包括：寄生寨，其南北隘口用石砌寨门，石刻雕花，有 1000 多米长的城墙得以保留，中间还有石屋和庙宇 40 余间，旁边还有明代熊氏古墓，明刻五子棋盘石和近千亩的古杜鹃林；下寨村，有清代土木结构建筑两栋，其他房屋 20 余间，屋顶多采用传统悬山顶，房屋基础多用条石，墙体用青砖建造；上垸岗背垸，陈氏先人以政公，明朝万历年间经高人指点移居至此，繁衍生息；上垸岗背垸陈氏老屋为

图 3.17-1　洗马河村上寨外景

图 3.17-2　洗马河村建筑室内

清代土木结构，三进三重，左右厢房，房屋 40 余间，属于山区土砖大屋建筑；大乘寺，始建于清朝康熙二年，由河南籍清池和尚历经十五年建成，寺前殿高 5 米，正门有"大乘禅林"四大金字的康熙御匾。二殿为高约 6.7 米的八角华亭，屏风上挂有一笔书成的"佛"字，据说也是康熙皇帝亲笔书写；上寨，位于山顶上，明代万历年间建的兵寨，取名为上寨。清朝康熙年间，陈氏聚而居之，寨毁建宅，现存房屋 30 余间。其核心建筑是香火堂，建筑内有院落，建筑两重，间距不大，这是山里建筑常用的布局方式，所以院子是长条形，香火堂建筑是一组群，也是大屋建筑，建筑门楼石雕精美，是《二龙戏珠》图案，门旁石也进行了雕刻，是万字纹的肌理造型，建筑在造型和风格上倒是很普通，建筑侧后方有石泉古井，常年不涸。本次测绘的另外一栋建筑，是上寨的廊屋土砖建筑，从营造方式上看，也很有民间智慧，这样的廊屋在山区特别实用，是纳凉、储存柴火的好地方。大门的高度只有 1.6 米，但下面抬高却达 40 厘米多，类似门挡功能，这样组合起来整体高度和现代门一样，门的宽度为 1.76 米，大门有四个门堂，中间两扇才是平常开启的大门，只有 1 米多宽，两旁还有 2 扇可以拆下的门，在遇到特殊情况（比如搬大型家具），就可以都打开，平常开得很少，避免北风吹，保暖效果好，各种因素都充分考虑，是特别智慧的大门设计。

3.18　木子店镇牌楼村

　　木子店镇牌楼村传统村落的由来，以明朝末年时期，郑氏一族建造的郑氏老屋为起点，经过历史的发展和文化的积淀，逐渐形成了今天这个具有丰富历史底蕴和文化内涵的传统村落。牌楼村位于大别山西麓，麻城市区的东部 61 公里处，距离木子店镇区 8 公里。全村版图面积 14 平方公里，有 21 个自然湾组，共有 780 户，2253 人，村落占地面积 10 公顷，以郑氏为主。

　　牌楼村传统村落的建筑主体是郑家老屋（图 3.18-1～图 3.18-3），整个建筑群坐北朝南，建筑分布在山坳中，背山面水，门前有池塘和溪流，外围是田地，一派祥和的乡村风貌。郑家老屋的大屋建筑前后长 56 米，有 6 重，东西长 46 米，建筑占地目前还有 2500 平方米，是麻城重数最多、建筑面积最大的传统村落，中间有部分已经倒塌，内部目前还有 9 个天井，都能正常使用，建筑为硬山顶建筑，前面两栋建筑的堂屋，结构是叠梁式建筑结

图 3.18-1　牌楼村郑家老屋

图 3.18-2　牌楼村郑家老屋外景

图 3.18-3　牌楼村郑家老屋圆形窗户

图 3.18-4　采莲船表演

构，第一栋还保留有完整的戏楼部分，其他房间多是土砖建筑。现在建筑的门前广场，以前也是建筑，地面上门挡的痕迹都还存在，所以牌楼大屋的建筑以前更宏大。

　　郑家老屋的建筑外观就能代表木子店镇这一区域的典型建筑的外观，建筑修建在台地上更显高大，建筑不是花屋建筑，但檐口部分的装饰很复杂，在木子店镇保留下的青砖大屋建筑，多数都采用这样的装饰方法，和龙门河传统村落李裕炳故居装饰特点一样，建筑檐口的装饰有 5 层，最中间一层的每块砖的中间位置被雕刻成龙纹，周边用卷云纹边角进行修饰，其他还有波浪纹和山字纹等，连续不断出现。建筑内部的第三重有圆形窗户，这样的圆形窗户一般用在外墙，建筑样式让作者想起少林寺，一边一个圆形窗户，所以郑家老屋的前面两重可能是后面加建的，窗户装饰特点和建筑外观的檐口一样，用卷云纹图案进行装饰，共有三圈图案。

　　郑家老屋保留有采莲船的非遗项目，专业队伍还在，曾经在本地一带特别流行，给当地群众带来文化与娱乐享受。采莲船用竹木精心制作而成，下面是船形，上面是宝塔亭阁形盖顶。一条采莲船一般有三人跑船，船中由一少女扮成采莲女，化好妆，穿上彩衣，一手拿手帕，一手扶船栏，如坐船姿势。船头有一男子扮成艄公撑篙，一手牵引彩船跑圆场或做荡船状，船尾加一丑角，名为"摆梢婆子"，手握破芭蕉扇随船而行，敲锣打鼓，摆梢婆子有见事唱事见人唱人的本领。如图 3.18-4 所示。

3.19 张家畈镇门前垸村

张家畈镇门前垸村（图 3.19-1），地处大别山中段西麓，麻城著名旅游风景区龟峰山东麓。这里的山峦跌宕起伏，湖水清澈碧透，峡谷风景优美。村内还有著名山寨什子山寨，是"蕲黄四十八寨"之一，主峰海拔 1038 米，西、北两方山壁如削，东、南两方各有一条石径可供攀登。一代廉吏于成龙曾经在此剿匪，并留有摩崖石刻，"龟山以平，龙潭以清，既耕既织，东方永宁"十六个大字，落款"黄州太守于成龙"。门前垸村人口约 3000 人，距镇政府约 5 公里。紧邻湖北省 203 省道，整个村子都以农业为主。

门前垸村的传统村落是大山上的万家山垮，海拔 400 米，从村部向西一路爬坡，经过几个陡峭山坡才能到达，村落建筑依照山势走向，呈西北向东南布局，南北向 140 米，东西向 180 米，有 47 栋建筑，村子核心区的面积有 1.9 公顷，从整个村落的建筑看，以大别

图 3.19-1　门前垸村航拍

图 3.19-2　门前垸村村口建筑

山腹地的普通民居建筑为主，其中最有特色的是村口的通道式大屋建筑，是本次调研的主要对象之一，村落最外层建筑具有防御的功能，过去只保留一个主要出口，仅利用最普通的民宅，就能形成防御工事，在过去动荡年代，能很好保护族人的人身财产安全。其他类型的建筑基本是新中国成立后修建的，多集中在 20 世纪 70 年代，以青砖建筑为主，三到五开间都有，所以本次测绘选择后山位置的五开间大屋建筑作为测绘对象。这样的建筑，在万家山湾很有代表性，建筑高大开间开阔，屋内卧室也比较多，在过去人口多的家庭，能很好地解决一大家人的居住问题，建筑内以堂屋为中轴，是会客和祭祖的空间，也成为组织房屋内部空间的枢纽。建筑的门头石雕题材是《二龙戏珠》，大门两旁的槽门墙都雕刻石狮子，狮子呈爬卧状，类似过去的抱鼓石。村口建筑见图 3.19-2，门头雕刻见图 3.19-3。

图 3.19-3　门前垸村建筑门头雕刻

3.20　木子店镇熊家垸村

熊家垸村（图 3.20-1～图 3.20-3）背靠青山，村前是开阔的稻田，巴河水系缓缓流经整个村落。熊家垸村申报传统村落是以李家冲为申报对象，据李家冲《李氏族谱》记载，李家冲有 600 多年的历史，明洪武二年（1369 年），先祖生璜公从江西行乞而来，开始在扬眉河粉铺（现搁船山村大桥头）落脚，后因无法生存，搬到熊家垸后的王家园居住。据说生璜公在行乞的过程中，遇上一位得道高人，高人看他慈眉善目，帮他选择安身之所，并赐名李家冲，这是关于李家冲由来的传说。生璜公迁至李家冲后，开始居住的还是茅草屋，但他思维开阔，精明能干，逐渐成为一个生意人，生意越做越大，又开始购田置地，据说凡是目之所及，皆是李家冲的田地。他在世时拥有粮田 135 公顷，旱地 140 公顷，山林 120 公顷，鱼塘 20 余口，并建有家庙、染坊、榨房、缫丝房、轧花房、屠宰房、纺织房，还经营药材种植，其中种植的茯苓远销广东，为房屋的修建打下良好的经济基础。

李家冲建筑坐西北向东南，过去被称为"猪婆地"，两栋四进四重砖木结构的主体建筑雄踞村落中间，东西厢房对称布局，总占地面积近 10000 平方米，建筑面积 6000 平方米。12 栋建筑整齐有序，大小房屋厅舍 100 多间，最辉煌时能居住 260 多人。房屋之间，有廊道相通，曲径通幽。其内还有戏楼三座，天井若干。建筑材料是青砖灰瓦，但建筑设计科学，富有匠心。冬暖夏凉，易于居住，尤其下水道设计科学合理，百多年来从未堵水。雕梁画栋，飞檐走兽，花板廊柜，精雕细刻。全垸只有三个门供人们出入，分别是正门、东小门和西小门，内向型村落布局，建筑防范设计，防御能力强，易守难攻，可防强盗土匪入

图 3.20-1　熊家垸村建筑外景（一）

图 3.20-2　熊家垸村建筑外景（二）

图 3.20-3　熊家垸村大屋建筑

侵。更为奇特的是，传说老屋中有一盏神奇的百盏灯，能盛油百斤，长明不灭，若是缺油，便发出鸟鸣，神奇无比。居住在这里的老人说，这个灯叫"鸟鸣灯"。还有木头雕刻的小狮子，那狮子雕刻得跟活的一样。

从李家冲建筑的构成元素看，很有特色，门的形制是槽门，部分槽门与主立面呈 15°、30° 和 45° 斜角，与当地习俗有关。门上的门楣和檐口做简单的雕饰，题材是《福禄寿》三喜，但不是人物雕刻，是文字雕刻，被设计成圆形，整个大门的石材门框由门楣、墀头 2 个、门旁 2 个，抱鼓石 2 个和门踏石所组成，随着时间的积淀，经验的累积，成为村民建房的范式，形成麻城建筑的特色与文化。李家冲建筑的如意造型山墙，是鄂东地区特有的建筑样式，不同于其他地方的滚龙脊和戗角山字造型的建筑，此前本地人理解这样的建筑是"马头墙"。

李家冲建筑的装饰水平很高，建筑室内戏楼的檐板中间部分雕刻的是《双凤朝阳》，两旁是回环缠绕状态的拐子龙纹，所有雕刻分成 3 个层次，细节满满，把龙纹的麟片都刻得活灵活现。侧面山墙檐口顶尖的装饰是壁画，这个位置，木子店镇也有自己常用的母题，即单个《麒麟》（图 3.20-4）造像，白色底子是寿桃形，以区别周边的青砖墙，更便于绘画，麒麟的两根胡子上飘，口吐红舌，身体为黄色鳞片，尾巴上翘，旁边还有火焰纹"日"字造型，表现得栩栩如生，艺术水准很高。

图 3.20-4　《麒麟》

3.21　阎家河镇石桥垸村

　　石桥垸村（图 3.21-1、图 3.21-2）位于麻城东部阎家河镇南边，距城区 3.5 公里，全村总户数 713 户，总人口 2728 人，人口数居全镇第二，耕地面积 2683 亩，版图面积 800 公顷。全村共有 21 个村民小组，全村以农业种植为主。徐家寨传统村落紧邻举水河边，海拔 51 米，地势平坦，良田众多，是非常适宜居住的地方。村落的建筑呈南北向布局，每户建筑展开向后发展，类似街区建筑的特点，所以进深尺度都很大，是典型的"九龙串珠"建筑布局，村子目前核心区的面积为 4 公顷，其中池塘有 8 口之多。村子的建筑靠近前部呈一条街状，建筑都是三层现代楼房，周边环境优美，绿意盎然，柳树成荫。村内有清代文学家徐家麟故居，建筑长 22 米，宽 17 米，是两重两天井的布局，建筑布局独特，进门就是天井，目的是把建筑的正面墙体砌高，从外观看，建筑显得比一般民宅要高大，这样防御能力也显著增强，由于墙体高出屋檐，所以不能出水，只能采用天井的结构。大门的门头设计也和麻城通用做法不一样，没有槽门，大门平齐墙面，上面设计垂花的造型，这一造型在鄂东南地区比较多，但麻城比较少，是麻城第二等级的大门（第一等级的大门是牌

图 3.21-1　石桥垸村过大年

图 3.21-2　石桥垸村大屋建筑

楼式大门，如麻城五脑山道观天门和盐田河雷氏祠的大门）。

　　去过徐家寨的人发现村子的池塘比较多，一方面的因素是这样平坦地区，灌溉需求的水量特别大，所以村民都会建设这样的池塘，满足生活和生产的需要。另一方面的因素与过去建筑布局有关，徐家寨过去是水寨村落，就是在村子外围有一圈壕沟，宽度约 40 米，村子只留一个出口，守好出口，整个村子就安全了。这样的村落布局在麻城的举水河两岸平原地带都有，建筑方式是由大别山的北边传播而来，村落类似过去"小城"的布局，构成元素包括护城河、门楼、围墙和村内民居建筑等，这些建筑元素形成联合的防御体系，在这种平原地带，水源充足，水寨类建筑村落防御能力强，是防御土匪的最优的选择。新中国成立后，村子原来的建筑不能满足居住的需求，加上社会治安变好，这种村落建筑布局方式不再需要，慢慢填埋废弃，徐家寨已经没有原来水寨的建筑模样，村后仅存一条 76 米长的壕沟遗迹，从村名看，周边几公里还有郭家寨、丁家寨和曾家寨都是水寨建筑。

麻城自古文脉昌盛，人文荟萃，历经千年的岁月更迭，繁衍更新，孕育出形态各异的传统村落聚落，村落依山而建，临水而居，其建筑形态多样，风貌特征鲜明，构建出麻城传统村落文化体系，是研究麻城社会发展轨迹的文化遗产。《麻城市传统村落建筑》这部书是政校协同创新的标志性成果，依托住房和城乡建设部驻麻城专家组和麻城市住房和城乡建设局的统筹协调，联合黄冈师范学院甄新生教授领衔的师生研究团队，开创了传统建筑保护领域"政府搭台、学术主导、校地联动"的新型研究范式。在历时数载的研究征程里，研究团队走遍阡陌纵横的麻城村落。曾踏着晨露叩开被荒草半掩的王氏祠堂门扉，在残损的梁枋间发现抱鼓石上精美的《鹿回头》雕刻；也曾在暴雨突至时躲进大屋垸的百年老宅，看东冲"小推车"式天井建筑如漏斗般承接雨水，堂屋内却滴水不沾。最难忘怀小漆园村守护老屋的耄耋老者，九十多岁了还漫步在田间地头，查看农事，回想起他年轻时作为皮影戏的主唱，是何等的活力四射，浑浊眼眸里闪烁的光亮，比任何建筑典籍都更直抵人心。

记得 2016 年初春，我们团队接到任务，受学校科技处委托，对学校扶贫对象点麻城市龟山镇东垸村进行设计，开启了我们对麻城传统村落建筑系统性研究的密钥。这些散落在乡野的营造记忆，在数十载的寒暑间，我们进行了详实的测绘和口述史访谈，从而形成这部书的雏形。黄冈师范学院大别山传统村落保护与发展研究中心的研究团队，对本书进行学术审读并提出合理建议，在中国建筑工业出版社的大力支持下，历经多次编校完成出版。

《麻城市传统村落建筑》作为湖北省首部县级市域范围内传统建筑系统性研究著作，填补了麻城建筑文化研究领域的空白。这源于麻城先民为后人保留得如此多的传统建筑资源，更得益于麻城市住房和城乡建设局的重视，特别是在副局长彭丽同志的领导下，开创了"麻城范式"的传统建筑保护性研究，为《麻城市传统村落建筑》出版提供保障。本次研究构建的理论框架延伸出《麻城市传统村落建筑图集》与本书共同构成"建筑本体研究-营造技艺解码"的学术工程，后续成果将陆续呈现，还请大家期待。因麻城传统建筑所隐含的建筑文化特别丰富，书中只从建筑特点和测绘两个方面进行研究分析，对于尚待深挖的彩画矿物颜料配方、穿斗式构架力学模型等，诚邀建筑史学、材料科学领域学者组建跨学科研究共同体。书中不妥之处，恳请不吝指正，欢迎广大读者踊跃反馈，以期构建开放性的学术对话平台。

在现代化浪潮席卷乡土中国的今天，麻城传统村落既是地域文化的活态博物馆，更是建筑文化发展的根脉。当我们在测绘仪与无人机辅助下记录建筑数据时，始终警惕技术理性对人文温度的消解；在讨论保护与开发的平衡时，更需谨记真正的传承不在于复制形制，而在于延续那份与建筑对话的营造智慧。期待这些承载着乡愁密码的传统建筑遗产，能在乡村振兴的语境中焕发新生，托举起可持续发展的未来。麻城传统村落建筑的命运折射出整个农耕文明向数字文明越迁的集体史诗，这部著作不是研究的终点，而是打开了一扇门，让我们探索门外无数个命题：当我们用电脑软件复刻雕花梁柱时，手工匠人的体温与记忆又将安放何处，如何虚拟重构消失的曾经时空的匠人制作场景？这些叩问都将成为传统建筑走向未来的光，引领人类文明的自我更新。